普通高等学校“十四五”规划旅游管理专业类精品教材

国家级一流本科专业建设旅游管理类特色教材

TOURISM

景观设计

Landscape Design

主　编◎龙渡江

副主编◎闫蓬勃　陈张婷

参　编◎秦春林　邹玲俐　胡露瑶

華中科技大学出版社

http://www.hustp.com

中国·武汉

内容提要

本书从景观设计的概念和内涵出发，介绍了景观设计的构成要素、内容和流程，并以国内外现代景观设计作品中具有代表性的实例为线索，将实践与研究结合，深入浅出，图文并茂，着重探讨景观设计的基本原理和方法步骤，并根据编写组的实际教学和项目经历阐述现代景观设计的实践与应用。此外，针对旅游院校特点，本书加入了旅游风景景观设计的内容，并且全书都有旅游景观的内容呈现，以期更适合旅游院校风景园林、景观设计及环境艺术专业的学生使用。

图书在版编目(CIP)数据

景观设计/龙渡江主编.—武汉：华中科技大学出版社，2022.9
ISBN 978-7-5680-8604-2

Ⅰ.①景… Ⅱ.①龙… Ⅲ.①景观设计 Ⅳ.①TU983

中国版本图书馆 CIP 数据核字(2022)第 171568 号

景观设计
Jingguan Sheji

龙渡江 主编

策划编辑：王 乾
责任编辑：刘 烨
封面设计：原色设计
责任校对：谢 源
责任监印：周治超
出版发行：华中科技大学出版社(中国·武汉) 电话：(027)81321913
武汉市东湖新技术开发区华工科技园 邮编：430223
录 排：华中科技大学惠友文印中心
印 刷：湖北新华印务有限公司
开 本：787mm×1092mm 1/16
印 张：11.75 插页：2
字 数：278 千字
版 次：2022 年 9 月第 1 版第 1 次印刷
定 价：69.80 元

普通高等学校“十四五”规划旅游管理专业类精品教材
国家级一流本科专业建设旅游管理类特色教材

出版说明

为深入落实全国教育大会和《加快推进教育现代化实施方案(2018—2022年)》文件精神,贯彻落实新时代全国高校本科教育工作会议和《教育部关于加快建设高水平本科教育　全面提高人才培养能力的意见》、“六卓越一拔尖”计划2.0系列文件要求,推动新工科、新医科、新农科、新文科建设,做强一流本科、建设一流专业、培养一流人才,全面振兴本科教育,提高高校人才培养能力,实现高等教育内涵式发展,教育部决定全面实施“六卓越一拔尖”计划2.0,启动一流本科专业建设“双万计划”,并计划在2019—2021年期间,建设143个旅游管理类国家级一流本科专业点。

基于此,建设符合旅游管理类国家级一流本科专业人才培养需求的教材,将助力旅游高等教育专业结构优化,全面打造一流本科人才培养体系,进而为中国旅游业在“十四五”期间深化文旅融合、持续迈向高质量发展提供有力支撑。

华中科技大学出版社一向以服务高校教学、科研为己任,重视高品质专业教材出版,“十三五”期间,在教育部高等学校旅游管理类专业教学指导委员会和全国高校旅游应用型本科院校联盟的大力支持和指导下,率先组织编纂出版“普通高等院校旅游管理专业类‘十三五’规划教材”。该套教材自出版发行以来,被全国三百多所开设旅游管理类专业的院校选用,并多次再版。

为积极响应“十四五”期间国家一流本科专业建设的新需求,“国家级一流本科专业建设旅游管理类特色教材”项目应运而生。本项目依据旅游管理类国家级一流本科专业建设要求,立足“十四五”期间旅游管理人才培养新特征进行整体规划,邀请旅游管理类国家级一流本科专业建设院校国家教学名师、资深教授及中青年旅游学科带头人加盟编纂。

该套教材融入思政内容,助力旅游管理教学实现立德树人与专业人才培养有机融合。让学生充分认识专业学习的重要性,加强学生专业技能的培养,并将学生个人职业发展与国家建设紧密结合,让学生树立正确的价值观。同时,本套教材基于旅游管理类国家级一流本科专业建设要求,在教材内容上体现“两性一度”,即高阶性、创新性和挑战度的高质量要求。此外，依托资源服务平台，打造新形态立体教材。华中科技大学出版社紧抓"互联网＋"时代教育需求，自主研发并上线了华中出版资源服务平台，为本套教材提供立体化教学配套服务，既为教师教学提供教学计划书、教学课件、习题库、案例库、参考答案、教学视频等系列配套教学资源，又为教学管理构建课程开发、习题管理、学生评论、班级管理等于一体的教学生态链，真正打造了线上线下、课内课外的新形态立体化互动教材。

本项目编委会力求通过出版一套兼具理论与实践、传承与创新、基础与前沿的精品教材，为我国加快实现旅游高等教育内涵式发展、建成世界旅游强国贡献一份力量，并诚挚邀请更多致力于中国旅游高等教育的专家学者加入我们！

景观设计学科集合了多种学科知识，既是一个科学学科，也是一种艺术体现，它不仅是造园艺术经过漫长发展的必然结果，还是整个人类社会发展的产物，历史与人类痕迹都能从中得到体现。

现代景观设计不仅注重景观美的造型，更关注人类生存的环境，主张人与自然的和谐相处及人类发展、资源和环境的可持续性。现代景观设计包括视觉景观形象、环境生态绿化、大众行为心理三个方面的内容。以视觉为主的感受和借助于物化的景观环境形态，能够激发人们的心理反应，以此来改善人居环境及生态系统。

在我国，景观设计这一专业已经逐渐走向专业化，并得到了较为快速的发展，为国内的城市生活带来了新的景象。城市广场、景观道路、城市中心绿地、商业步行街、居住区景观等，都以一种新的气象出现在城市中，悄无声息地改变着人们的生活方式，这对改善人居环境和美化城市起到了重要的作用。

景观设计是一个多学科融合的专业，目前开设现代景观设计专业及此专业方向的学校主要有建筑类、农林类、艺术类院校。每个学校和每个学科在开展景观设计教学时，侧重点都不尽相同。建筑类院校更注重景观的规划，农林类院校更擅长景观的植物设计，视觉效果和小品设计则是艺术类院校的优势。每年从这些院校走出来的毕业生成为景观设计专业主要的人才。

现代景观设计过程烦琐、内容丰富、涉及面广，包含生态学、环境科学、美学、建筑学、结构与材料等学科。对景观设计师来讲，除了掌握相应专业的技能和知识，更需要深厚的文化修养，任何一种健康的审美情趣，都是建立在较完整的文化基础之上的。因此，科学文化知识、艺术修养等也就成为每一位景观设计师的必备素养。

本书以国内外现代景观设计作品中具有代表性的实例为线索，实践与研究结合，深入浅出，图文并茂，着重探讨景观设计的基本原理和方法步骤，以及现代景观设计的实践与运用。

针对旅游院校特点，本书编写中注重将旅游风景景观设计的内容加以呈现，以期更适合旅游院校风景园林、景观设计及环境艺术专业的学生使用。

本书在编写过程中参考了部分国内外出版的优秀作品和参考文献，在此向这些作者及出版机构表示谢意。感谢在此书编写过程中做出突出贡献的本教研室的老师们，感谢桂林旅游学院旅游管理学院的老师和同学们对此书在插图等方面的帮助；同时感谢给予帮助的主编的大学同窗和朋友们。另外，由于时间和能力所限，书中疏漏和不足之处在所难免，恳请广大读者批评指正。

编者

2022年3月

目录

Contents

Note

Note

Note

Note

第一章
景观设计概述

学习目标

1. 了解并掌握景观设计的基本概念；
2. 了解景观设计学的产生和发展历程。

思维导图

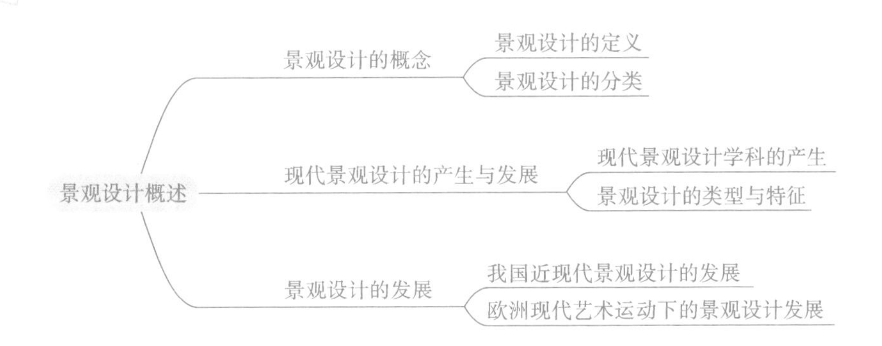

案例引导

聪明的土拨鼠

从前有一个猎人整日带着他的枪和狗在广阔的草原上追踪猎物，有时还会带上一个小跑着跟在后面的小男孩。

这一天早上，猎人和小男孩来到草原深处。他们坐在那儿凝视着出现在眼前的一块高地，上面是一个土拨鼠的聚落。一只只小小的土拨鼠一次又一次从草丛跳入洞穴，一会儿又两腮鼓鼓地带着食物冒出来。

“多聪明的土拨鼠。”猎人说，“它们是如此精心地安排它们的聚落环境，每一个土拨鼠聚落的附近总是有一片谷子地，以便它们取食，总是邻近溪流或沼泽，因为有饮水之便。它们绝不在柳树或赤杨林附近安家，因为那里常栖息着可怕的天敌——猫头鹰和隼，它们也不在乱石堆中做窝，因为那里经常潜伏着一个天敌——蛇。它们把家建在土丘的东南坡上，每天有充足的阳光让它们的洞穴保持温暖和舒适。冬天，西北坡的土壤在凛冽的寒风中变得干硬，而在东南坡上却有一层厚厚的松软的积雪覆盖着土拨鼠的家。”

猎人接着说，“当它们打洞时你猜它们怎么做？它们先向下打一个0.5～1米的陡坡通道，然后折回在靠近草根的干土层中做窝。冬天可避开寒风而沐浴温暖的阳光，不必远行寻找食物和水，又有同类相依，它们确有一番精心的规划”。

资料来源　约翰·O.西蒙兹.景观设计学——场地规划与设计手册[M].3版.俞孔坚，王志芳，孙鹏，译.北京：中国建筑工业出版社，2000，略有增删。

【问题】 土拨鼠的做法和人类城市选址、住宅选址有什么共同之处？

以动物择良地而栖引发思考，与动物行为相似，人类很早就意识到环境对自身发展的重要性，如对居住地选址也有一套类似的方法，后来发展出与人居环境相关的学科，如风景园林、景观设计、环境艺术设计等。

第一节　景观设计的概念

景观设计的范围很广，从十几平方米的庭院设计到绵延几十、上百平方千米的自然保护区、风景旅游区设计，都属于景观设计的范围。一说到景观历史就绕不开中国古典园林，我国具有悠久的景观设计历史，早在《诗经》中便有了“灵囿”的记载，至今我们依然保留着许多璀璨的景观遗产。在国际现代园林发展的背景下，我国的景观设计亦深受影响。尽管现代园林在我国发展的历史并不长，但发展迅速。近年来，人们生活的城市发生了很大的变化，景观道路、城市广场、城市中心绿地、景观小品、商业步行街、主题公园等随处可见，渗入城市居民的生活，给现代城市带来了全新的气象，也让居于其中的人们受到潜移默化的影响。景观设计的发展从过去传统的园林设计到今天的景观设计，设计的内涵和外延都发生了质的飞跃。

一、景观设计的定义

“景观”(Landscape)一词最早出现于《圣经》中，用于描述耶路撒冷的优美景色。17世纪，“景观”作为描述内陆自然风光的绘画术语由荷兰语引入英语中。19世纪又从德语的地理学概念引入区域地理特征的概念，用于表示土地状态。近年来，“景观”这一概念又引入了生态的含义，用于体现生态环境的空间特征。但到目前为止，人们对“景观”这一概念也并没有一个完全统一的说法，而是会依据不同的行业及需求对它赋予不同的含义。例如，艺术家会将景观视为“表现与再现的对象”，建筑师把景观视为“建筑物的配景或背景”，等等。

在我国，“景观”一词出现于20世纪80年代，主要是为了体现地理学的内容。1999年《辞海》中收录了“景观”一词，定义除了有景观地理学的解释，还增补了“风光景色”的含义，这说明“景观”一词已经从地理学领域扩展到了园林学、建筑学、生态学等领域。

景观设计(Landscape Architecture，LA)涉及建筑和自然环境的规划、设计、管理等，景观设计师凭借其独特的技能致力于改善人类和环境健康。作为一门学科，其产生可以追溯到19世纪中叶美国的早期园林实践活动，城市公园运动对此专业的形成起到了较大的助推作用。在这一时期他们规划和设计公园、校园、街景、小径、广场、住宅以及其他社区景观提升的项目。ASLA(美国景观设计师协会)章程将其定义为，景观设计包含环境分析、规划设计与管理。相关自然与人为建设之间的环境规划包括：山区规划、都市规划、公共空间及街道景观规划、交通运输廊道串联、公园绿地系统及防灾系统设计、历史古迹保存、医院资源系统、校园空间规划、室内景观设计、自然资源保育，专业教育培训、景观职业训练等内容，它们是为了改善人居环境，创造适宜人类生态的空间。在整个设计过程中，借助调整场地和构筑物形式使人类居住环境与自然环境相融合，将山丘、峡谷、阳光、水流、植物和空气等元素以直接或间接的方式纳入规划设计。景观设计就是合理运用自然因素(含生态因素)、社会因素来创建优美的、宜人的居住环境，运用地理学、设计艺术学、生态学、园林植物学、建筑学等方面的知识来规划设计城市广场、城市公园、城市绿地、城市道路、居住区等的一门学科。

二、景观设计的分类

根据景观受人类活动影响程度的大小，可以将景观分为自然景观与人文景观两大类型。

自然景观，也称大地景观，是指较少受到人类活动干扰、天然形成的自然风貌。自然景观包含有地质景观、天象景观、水文地理景观、生物景观等。如原始森林、冰川、荒漠、沼泽以及某些自然保护区的核心区等，如图1-1、图1-2所示。

图1-1 长白山天池(摄影:王学典)

图1-2 桂林喀斯特地貌景观(摄影:王战飞)

人文景观，亦称文化景观或人为景观，指那些由人类活动参与构建的、与本地自然面貌有较大区别的人造景观。人文景观主要包括城市景观、农田、历史遗迹等，如图1-3、图1-4、图1-5所示。

图 1-3　桂林旅游学院筑梦广场（摄影：宁秋凤）

图 1-4　广西柳州三江程阳侗族八寨景区（摄影：宁秋凤）

图 1-5　广西柳州三江布央茶园（摄影：洪月）

第二节　现代景观设计的产生与发展

一、现代景观设计学科的产生

现代景观设计兴起于第一次世界大战后的美国。彼时的美国通过战争积累了大量的财富，这些财富向社会各个领域渗透，使人们对生活品质、美学等产生了更高的需求，也助推了园林的发展。

1853 年，纽约人深受欧洲皇家园林向公众开放的鼓舞，在纽约划定了一块土地，计

划用来打造一个对公众开放的园林。历经多年的筹备，1857 年奥姆斯特德（Frederick Law Olmsted）和沃克斯（Calvert Vaux）合作的方案“绿草坪”从设计竞赛中脱颖而出。在他们的设计中，分别体现了中式山水园林、英式草坪，以及法式对称园林的景观理念，该设计也成为当时全球最高水平的设计作品。历经十余年的建设，纽约中央公园（Central Park）于 1873 年完工，它也成为现代园林最好的奠基石。

纽约中央公园的建设标志着普通人生活景观时代的到来。美国的现代景观设计从中央公园起，就不再是少数人享有的奢侈品，而是普通民众愉悦身心的空间。1899 年，美国景观设计师协会（American Society of Landscape Architects，ASLA）成立。1900 年，奥姆斯特德之子 Frederick Law Olmsted Jr 和 Arthur Asahel Sharcliff 首次在哈佛大学开设了美国第一个景观规划设计专业课程，并首创了 4 年制的景观规划设计专业学士学位。当时设计思想以规划式的“学院派”和自然主义的奥姆斯特德的设计理念为主，随着之后逐渐与欧洲现代艺术运动思潮的交流，美国逐渐成为世界现代景观设计的前沿和中心。

二、景观设计的类型与特征

（一）景观设计的类型

景观设计按照区域范围和设计层次可分为大尺度景观设计（大都市圈、城市建成区、自然保护区）、中尺度景观设计（城市公园）、小尺度景观设计（小型私家庭院）等。

景观设计按照设计风格可分为美式风格（粗犷、混搭，较大田园空间范围的呈现）、欧式风格（法式对称园林、英式草坪等，细节精致）、地中海式风格（注重色彩搭配，体现浪漫与小清新）、中式风格（山水园林，施法自然）、日式风格（禅意微缩自然山水）、东南亚风格（精致中不失自然的宗教特色，热带风情十足）、现代风格（简约舒适、符合现代生活特点，体现了各种新学科理念的融合）、新中式风格（将古典中式元素纳入现代园林）。

景观设计按照景观功能可以分为居住区景观、公园景观、公共空间景观等。

景观设计按照设计元素特征可以分为城市景观、滨水景观、景区景观、农业景观等。

1. 景观概念设计

景观概念设计先于景观设计进行，其核心内容是寻找和探讨创意切入点。一般应用于设计比赛和考试中，通过绘制“分点式”“分段式”“分块式”等概念性草图的方式表现景观的布局方式、空间结构、文化内涵及艺术形态等，凸显设计理念。

景观概念设计通过前期设计分析和依据分析的概念设计两个过程实现。前期设计分析包括与设计地块相关的一切要素，主要有：地块周边建筑、人群、交通、植被等信息；气候条件；水文及地理条件；历史及人文资源；各类规划红线范围。依据分析的概念设计阶段依据对场地信息的分析及客户需求确定设计风格及景观功能等内容，并以文字、分析图（功能分析图、透视效果图）等形式呈现出来。

2. 景观项目设计

景观项目设计是结合景观项目背景及设计任务书等相关内容对景观项目进行完整的图纸表达。景观项目设计表达内容主要包括：资源分析图、总平面图、功能分析图、道

路分析图、植物配置图、管线布置图、地形图，以及主要景观节点的平面图、立面图、剖面图和景观节点大样图、鸟瞰图等，还有以上图纸内容的排版设计。

3. 景观策划设计

景观策划设计主要是研究和制定景观设计决策的程序，以确定哪些是由该设计决定的问题。景观策划是专业的行为，它可以从理性视角避免客户方不合理的理想化因素。在策划过程中，需要针对不同设计地块制作出系统、完整且精简的内容。

（二）景观设计的特征

1. 多元性

与景观设计相关的自然和社会因素是多元的，设计目的与设计方法也是多样的，设计实施的技术更是随着科技的进步持续更新，因此，在进行设计前的分析时，除了要充分考虑客观的自然因素，客户的需求及文化背景也需充分考虑后，才可以进行设计。

2. 区域性

由于景观所在地的自然条件、宗教、文化等背景存在差异，景观设计在不同的区域会呈现不同的特征。例如，热带区域的景观中会使用较多适应热带气候的棕榈科植物，因此棕榈科植物也往往是热带风情的代表。如果强行在亚热带等地区打造热带风情的景观，不但达不到景观效果，还会造成巨大的经济损失。

3. 生态性

现代景观设计的生态性主要体现在地质、地形等层面。在如今我国生态文明建设的大背景下，国内景观设计越来越多地考虑到景观的生态功能与生态效益。打造生态性景观是解决当前全球资源环境破坏问题及可持续性发展问题的主要手段，也是现代景观设计的主流趋势。

4. 时代性

现代景观设计的时代性不仅仅体现在对景观空间概念、现代材质等景观特征上，还体现在经济现象、文化发展等社会特征上。如今，全球的科技发展突飞猛进，全球的沟通与交流也愈加频繁。人们对生活环境的需求也随之发生变化。而景观设计本身就是为人类生活空间服务的，因此，景观设计受时代发展影响十分明显。可以说，现代景观设计是一个时代的写照，有鲜明的时代特征。

第三节　景观设计的发展

一、我国近现代景观设计的发展

西方近代景观设计发展时期，我国的现代园林只在各国租界内小范围出现，并未被当时的中国造园行业接受，西方现代园林在这一时期并未真正传入中国。尽管如此，租界内的公园让民众开始了解西方园林的风格。辛亥革命后期，人们逐渐开始接受西方文化，大量公园开始建设，这成为中国近代景观发展的主要标志。清政府被推翻后，皇家园林等也陆续面向公众开放，与此同时，民国政府也加大了对公园的建设力度，数百个公园诞生于这一时期。西方园林的设计风格也开始影响资本家的私家园林建设。近代园林在中国短暂出现之后，西方园林便进入了现代园林的发展时期。

现代景观设计产生的主要因素是工业生产引起环境问题，它的主要关注点也集中在协调人与自然之间的关系上。但当现代园林文化向我国渗透的时候，我国并没有西方国家那么严重的环境污染问题，而是从一种学习的视角接纳现代西方园林设计风格，出现了模仿的现象。

中国现代园林迅速发展是从中华人民共和国成立开始，其与国家发展进程呈现出较大同步性。1949 年至 1976 年，国家以基础建设为主要工作，各行各业开始了从无到有、从弱到强的建设，园林的发展处于调整时期。1977 年至 1989 年，改革开放成果初显，经济的逐渐积累和政策的扶持使得景观设计得到更多重视。1990 年之后，随着人民生活水平的逐步提高，我国人民对生活品质的更高追求给我国园林发展提供了更广阔的空间。此时，在学术角度上，我国的风景园林师也有更多的机会与世界交流，更多的现代园林作品出现在我国的大地上。

二、欧洲现代艺术运动下的景观设计发展

艺术运动影响着设计思想，在 19 世纪末 20 世纪初，当艺术创作的主流逐渐由具象到抽象时，景观设计理念也发生着相应变化，虽然当时的景观设计只是依附于建筑设计，但我们从留存下的少量庭院景观中可以体会到现代艺术开创者的智慧。在现代文化的影响下，景观设计的观念于古典园林时期及工艺美术运动时期、新艺术运动时期发生了根本的转变，对自然和建筑或直接或间接的具象模仿已不再是设计思想的主流。对色影本质的关注、对几何图形的组织和构图、对空间的理解以及超现实主义的有机形式，这些抽象的理念都成为景观设计新的构思源泉。

如荷兰风格派影响下的诺埃利（Noailles）别墅花园，简洁纯净的颜色分割组成规则的庭院空间，如图 1-6 所示。

图 1-6 诺埃利别墅花园强调构成美

在现代主义初期，整体的环境意识逐渐建立，建筑设计中强调环境与建筑一体的场地规划思想。内外空间的融合穿插入庭院景观，室内景观成为建筑设计的一部分。例如，柯布西耶的经典作品萨伏伊别墅，其屋顶花园是建筑向天空的延伸，简洁错落的种植池是屋顶花园的主体，也是建筑的一部分（见图 1-7）。洁白、规则的构筑体与绿色的自然植物形成对比。在荷兰风格派、包豪斯风格等现代艺术引导下，现代初期的园林景观呈现出注重使用功能，少装饰性的图案，形式上更具构成美、均衡感的特点。

图 1-7　萨伏伊别墅的屋顶花园

本章小结

景观设计是一门综合的学科，是合理运用自然、社会因素来创建优美的、宜人的居住环境，运用地理学、设计艺术学、生态学、园林植物学、建筑学等方面的知识来规划设计城市广场、城市公园、城市绿地、城市道路、居住区等的一门学科。根据景观受人类活动影响程度的大小，可以将景观分为自然景观与人文景观两大类型。

19 世纪中期的美国，最早诞生了景观设计师这一行业，到了 20 世纪初，产生了景观设计学科。

景观设计具有多元性、区域性、生态性、时代性等特点，我国和欧洲国家在近现代景观设计上都有各自的发展，展现出更多的特点。

复习题

1. 景观设计的定义是什么？
2. 现代景观设计学科产生的时代背景是什么？
3. 景观设计的类型与特征有哪些？
4. 现代景观设计的发展情况如何？

第二章
中外园林概述

学习目标

1. 了解中国古典园林的发展历史和概况；
2. 了解和掌握中国古典园林各个时期的特点；
3. 了解国外古典园林的概况；
4. 了解西方现代园林设计的代表人物及其理论；
5. 了解西方现代园林设计多样化发展的特征。

思维导图

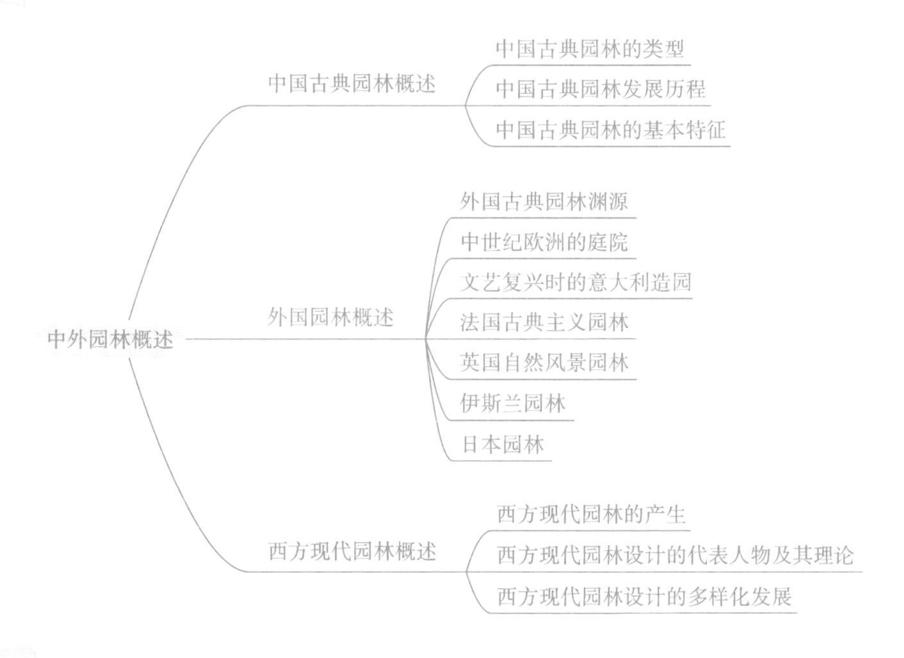

案例引导

十六世纪中期的中国园林和西方园林

我国明朝嘉靖年间，明世宗在前朝东苑扩建的基础上，又增加了一些建筑，这使得东苑在玉河西边的两街三路和河东的宫殿、馆亭等建筑及园林布局更趋完善。东苑的园林景观，以建筑为重点，苑区内各类宫殿馆阁鳞次栉比、错落有致，亭榭、牌坊、桥梁、流水、假山及林木花卉、果树园圃纷繁密布。到了嘉靖后期，明世宗开始沉迷于修仙，吃下过多丹药导致身体非常不好，于公元1567年驾崩。

此时的欧洲，意大利半岛，依波利托·埃斯特(Ippolito d'Este)几次竞选教皇都失败了，被派到蒂沃利做行政长官。失意的主教寄情于山水，买下一座几近废弃的修道院，并将其改建成自己的别墅，请来利戈里奥(Pirro Ligorio)做总设计师，这就是后来的埃斯特庄园。埃斯特庄园继承了意大利台地园的典型建筑手法，在中轴及其垂直平行路网的规整、均衡的控制下，将埃斯特家族的故事化为跌宕起伏的喷泉，以述说传奇。埃斯特庄园也被称为"千泉宫"，因为其大大小小的喷泉非常多，形式多样且独具特色，而且是完全靠地势进行理水和喷泉处理的。埃斯特每竞选失败一次就投入更多的财力，将庄园修建得更大更豪华，直到1572年他去世时工程尚未完成。

资料来源 作者根据相关史料编写。

【问题】 同一时期的中国园林和西方园林各有哪些表现特点？有何区别？为何会产生这种区别？

园林是理想生活场所的模型，园林的建造也从侧面反映了先民们对园林的理解。人类社会在文明初期就有着对美好居住环境的憧憬和向往，中国上古神话中西王母的瑶池和黄帝的悬圃就是美妙的园林。《圣经》里所记载的伊甸园内流水潺潺，遍植奇花异树，景色旖旎，承载着古代西方先民的美好向往。《阿弥陀经》中对"极乐世界"的描写也是古印度人理想乐园的扩大……这些在各自母体文化历史发展中逐步形成了规整式园林和自然式园林。规整式园林包括以法国古典主义园林为代表的大部分西方园林，讲究规矩格律、对称均齐，具有明确的轴线和几何对称关系。甚至连花草树木都被修剪成形并纳入几何关系之中，表现出人为控制的有序、理性的自然。自然式园林是以中国古典园林为代表的东方园林体系，其规则完全自由，灵活而不拘一格，着重显示天成之美，表现出一种顺乎大自然景观的构成规律。

第一节 中国古典园林概述

中国古典园林是风景式园林的源头，由于中华文明的传承，其比起同一阶段的其他园林体系，历史更悠久、持续时间更长、分布范围更广，以其丰富多彩的内容和较高的艺术境界在世界园林中独树一帜。

我国景观设计起源很早，有文字记载的造园行为可以追溯到数千年前的《诗经》，其中《大雅·灵台》记述了周文王的园游场景。当时的园林称为"灵囿"，是植被茂盛之地，其中建造的亭、台、宫殿等建筑物主要用于祭祀神灵、供帝王贵族们狩猎游乐。自有文字材料流传以来，历朝历代皆有著名园林作品问世(见表2-1)。然而历经了时间冲刷和朝代变迁，它们也大多被淹没在历史的长河中，只能供后人猜想、凭吊。

表 2-1 中国主要古典园林作品

朝　代	代表作品	特　点
殷、周	囿	动植物丰富
秦	宫室中的园林	气势恢宏
西汉	汉武帝上林苑	“一池三山”的形式
	梁孝王刘武兔园	建筑组群结合自然山水
隋	隋炀帝西苑	山水建筑宫苑
唐	宫苑	体现山水之情，定期向公众开放；花木栽培及引种驯化技术有很大进步
北宋	山水宫苑、艮岳	全景式山水植物与建筑园林
元、明、清	故宫御花园、圆明园、避暑山庄等宫苑	体现较高的建筑等级及精湛的造园技术
	苏州：拙政园、留园、狮子林、退思园	精致、小巧、秀美，体现中国传统文化的丰富、内敛与文人风骨
	杭州：西泠印社、郭庄	
	上海：豫园	
	南京：瞻园、随园、江宁织造府	
	扬州：个园、九峰园、小盘谷、片石山房	
	嘉兴：绮园	

秦汉以来中国文化中的“天人合一”“君子比德”及神仙传说孕育了自然山水式园林的雏形。在魏晋、唐宋山水风景园和山水诗、山水散文、山水画相互渗透影响，取得了艺术上光辉灿烂的成就。至明清时期，中国古典园林意境丰富、手法多样、理论充实，形成博大精深的自然山水式园林体系。

流传至今的园林作品主要为元、明、清时期的皇家园林、私家园林和寺观园林。这些作品的要素是山、水、植物和建筑，通过这几种要素的搭配使用，完美地体现了天、地、人、自然融合的“天人合一”思想。如今，这些古典园林大多以历史遗迹的身份被保护起来，成为现代中式园林的学习典范与灵感来源。

一、中国古典园林的类型

根据不同的标准，中国古典园林有不同的分类方式。按照园林基址的选择和开发方式的不同，中国古典园林可分为人工山水园和天然山水园两大类型。

人工山水园，即在平地上开凿水体、堆筑假山，人为地创设山水地貌，配以花木栽植和建筑营造，把天然山水风景缩移到小范围内。这类园林多出现于城镇内的平坦地段上，故也被称为“城市山林”。拙政园便是城市山林的典范。人工山水园因造园所受的客观制约条件很少，可以最大限度地发挥人的创造性，也因此形成了丰富多彩的造园手法和园林内涵。所以说，人工山水园是最能代表中国古典园林艺术成就的。

天然山水园，一般建在城镇近郊或远郊的山野风景地带，包括山水园、山地园和水景园等，对于基址的原始地貌采用因地制宜的原则做适当的调整、改造、加工，再配以花木和建筑。营造天然山水园的关键在于基址的选择，即“相地合宜，构园得体”，若选址恰当则能以少量的花费而获得远胜于人工山水园的天然风景。大型天然山水园总体形象类似于名胜区，人工山水园与它的不同之处是后者经长时期的自发形成，而前者则在短时期内得之于人为的经营规划。

按照园林的隶属关系加以划分，中国古典园林也可归纳为若干类型，其中主要的有皇家园林、私家园林、寺观园林三大类型。

皇家园林属于皇帝个人和皇室。古籍称皇家园林为苑、苑囿、宫苑、御园等。“普天之下，莫非王土”，帝王拥有最高的统治权，凡与皇帝有关的起居环境、工作环境诸如宫殿、坛庙、园林乃至都城等，莫不利用其建筑形象和总体布局显示皇家气派和皇权的至尊。皇家园林尽管是倾向于山水风景的，但也要在不悖风景式造景原则的情况下尽量彰显皇家气派，同时，又不断地向民间园林汲取造园艺术的养分丰富皇家园林的内容，提高宫廷造园的艺术水平。除此以外，皇帝能够利用其政治上的特权和经济上的雄厚财力，占据大片的土地，网尽天下能工巧匠为其营造园林。无论人工山水园还是天然山水园，规模之大、规格之高远非私家园林所能比。皇家园林的代表如西汉的上林苑，魏晋南北朝以后出现的大内御苑、行宫御苑、离宫御苑，北宋的艮岳，清朝的圆明园等。

古代私家园林为民间的贵族、官僚、缙绅所私有，古籍中称之为园、园亭、园墅、池馆、山池、山庄、别业、草堂等。中国古代封建社会，“耕、读”为立国之根本，而文人与官僚的合流，位于“士、农、工、商”这个民间序列等级的首位。商人虽居末流，由于他们在繁荣城市经济，保证皇室、官僚、地主的奢侈生活供应方面所起的重要作用，往往也成为缙绅。大商人积累了财富，相应地提高了社会地位，一部分人甚至跻身仕林。贵族、官僚、文人、地主、富商兴造园林供一己之用，同时也以此作为彰显身份、财富和品位的方式。

寺观园林即佛寺和道观的附属园林，也包括寺观内部庭院和外围地段的园林化环境。郊野的寺、观大多修建在风景优美的地带，甚至选在山奇水秀的名山胜境。寺院和道观经过长期的发展形成了一整套的管理制度——丛林制度。寺观拥有土地，也经营工商业，寺观经济——丛林经济与世俗的小农经济并无二致，而世俗的封建政治体制和家族体制也正是丛林制度之根本。因此，寺观的建筑形制逐渐趋同于宫廷、宅邸，乃是不言而喻的事情。寺观园林既建置独立的小园林，也很讲究内部庭院的绿化，多以栽培名贵花木闻名于世。郊野的寺观大多修建在风景优美的地带，周围向来不许伐木采薪。因而古树参天，绿树成荫，再配以小桥流水或少许亭榭的点缀，又形成寺观外围的园林化环境，如九华山、普陀山、峨眉山等。

二、中国古典园林发展历程

中国古典园林发展历史悠久，大约从公元前 11 世纪的奴隶社会始直到 19 世纪末封建社会解体为止。其演进的过程，相当于以汉民族为主体的封建社会从开始形成转化为全盛、成熟直到消亡的过程，其逐步完善的动力亦得益于王朝交替过程中经济、政治、意识三者间的自我调整而促成的物质文明和精神文明的进步，因此，我们可以把中国古典园林的全部发展历史分为五个时期。

(一)生成期

生成期即中国古典园林从萌芽、产生而逐渐成长的时期，这段时期的园林发展虽然尚处在比较幼稚的初级阶段，却经历了奴隶社会和封建社会初期1000多年的历史，相当于殷、周、秦、汉四个朝代。

这一时期的造园主流是皇家园林。秦统一中国后，在短短十二年间建置的离宫有五六百处。到西汉时，武帝刘彻再度扩建秦朝上林苑，建成后的上林苑规模宏伟、宫室众多，建置了大量的宫、观、楼、台等建筑（见图2-1），并畜养珍禽异兽供帝王行猎。西汉上林苑的功能由最早的以狩猎、通神、求仙、生产为主，逐渐转化为后期的以游憩、观赏为主。两汉时期，也出现了中国早期的私家园林，如西汉梁孝王刘武的兔园、袁广汉的私园，以及东汉梁冀洛阳的宅院，但私家园林在各方面还处于起步发展阶段。

图2-1 西汉上林苑

园林生成期逐渐形成了可视为中国古典园林原始雏形的三个要素囿、台、园。最早见于文字记载的园林形式是囿，而园林里面主要的建筑物是台。中国古典园林的雏形产生于囿和台的结合。囿为王室提供祭祀所用的牲畜、供应宫廷宴会的食物，同时兼具"游"的功能，即王室成员可以在囿里进行游观活动。春秋战国时期，各诸侯国都竞建苑囿，如魏国温囿、鲁国郎囿、吴国长洲苑、越国乐野苑等。

台，即用土堆筑而形成的方形高台，其最初功能是登高以观天象、通神明。台还可以登高远眺、观赏风景，如殷纣王所建的鹿台。后来台的游观功能逐渐增强，成为一种宫廷建筑物，并结合绿化种植形成以它为中心的空间环境，这个空间环境就逐渐成为园林的雏形。

园，是种植树木的场地。园是中国古典园林除囿、台之外的第三个源头，类似于今天的苗圃，它们的运作具有经济价值，因此，中国古典园林在其产生的初始便与生产、经济有着密切的关系，这个关系甚至贯穿于整个生成期。

"天人合一""君子比德""神仙思想"这三个影响中国古典园林向着风景式方向发展的重要意识形态因素在这一时期形成。

"天人合一"包含两层意义：一方面是指人是天地生成的，人的生活服从自然界的普遍规律；另一方面是指人生的理想和社会的运作应该与大自然协调，保持两者的亲和关系。

"君子比德"是从功利、伦理的角度来认识大自然，将大自然的某些外在形态、属性与人的内在品德联系起来，典型的如"智者乐水，仁者乐山。智者动，仁者静"，这种"人化自然"的哲理必然会导致人们对山水的尊重。

“神仙思想”产生于周末，盛行于秦汉，其中以东海仙山和昆仑山的神话传说最为神奇，流传也最广，成为我国两大神话系统的渊源。西汉建章宫内的苑囿就是历史上第一座有完整的三仙山的仙苑式皇家园林。

“天人合一”“君子比德”“神仙思想”三个重要意识形态因素的哲理主导，使中国古典园林从文化根源上就不同于欧洲规则式园林，而是处于理性哲学主导表现的“理性自然”和“有秩序的自然”，从而明确了园林的风景式发展方向。

（二）转折期

魏晋南北朝长期动乱，思想、文化和艺术风格等变化重大，这些变化也引起了园林创作的变革。此时造园活动普及于民间，园林的经营转向于以满足人的本性的物质享受和精神享受为主，并升华到艺术创作的新境界。人们开始追求返璞归真，把自然视为至善至美。那些寄情山水、隐遁江湖的行为，被视为清净高雅的品位而受到尊敬。在这种文化体系下，自然界已不再是人类可畏可敬的对立物，而是可倚可亲的精神寄托。这一时期人们开始发觉和追求自然美，山水诗、山水画开始流行，再现自然美的山水园也随之发展起来，园林成为一种新形式的艺术。

随后官僚士大夫纷纷造园以彰显身份和品位，门阀士族和文人墨客也非常重视园居生活，私家园林开始兴盛起来，其中南朝都城建康的苑园尤盛，帝苑则以华林（见图2-2）、乐游两园最为著名，大臣之园选址多邻近秦淮、清溪二水而建。由于帝王造园受到当时思想潮流的影响，欣赏趣味也向追求自然美方面转移，例如，东晋简文帝入华林园时对周围的人说：“会心处不必在远，翳然林水，便自有濠濮间想也。”以此表达通过居住在幽林深水来获得闲居在濠濮的情趣。这一时期另一个新发展就是出现了公共旅游的城郊风景点。这是一种众人共享的公共旅游区，它和一般私园及苑囿不同，江南许多城市会在城墙或高地上建造楼阁作为游览远眺的场所，如齐时东阳太守沈约所建元畅楼，经历代诗人题咏而成为东南的名胜地，又如建康的瓦官阁，就是当时眺望长江江景的著名景点。

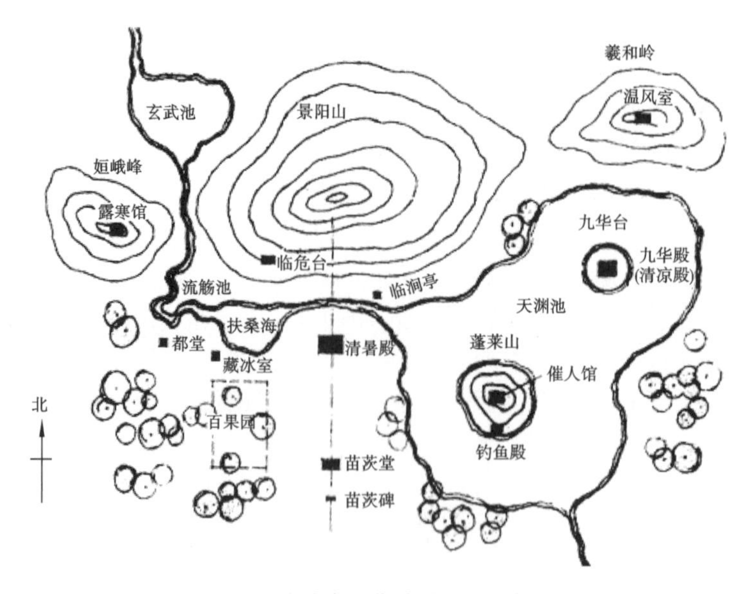

图 2-2 北魏洛阳华林园平面设想图

魏晋南北朝时期的园林从形式到内容均有转变。园林形式由粗略的仿真山水转到用写实手法再现山水;园林植物由欣赏奇异花木转到种草栽树、追求野致;园林的修建开始结合山水走势,点缀成景。这一时期园林是山水、植物和建筑互相结合组成的山水园,多向、普遍、小型、精致、高雅和人工山水写意化是其主要趋势,可称作自然山水园或写实山水园。此时期的主要园林代表作品有芳林苑、华林园等。

(三)全盛期

在魏晋南北朝所奠定的风景式园林艺术的基础上,隋唐园林随着当时经济、政治和文化的进一步发展而臻于全盛,各类型的园林都得到了极大的发展,园林艺术水平也有了长足的进步。隋唐时期皇家园林的“皇家气派”已经完全形成,可分为大内御苑、行宫御苑、离宫御苑三个类别。“皇家气派”是皇家园林的内容、功能和艺术形象的综合,它的形成,与隋唐宫廷规制的完善、帝王园居活动的频繁和多样化有着直接的关系。皇权的空前集中,使得当时社会的人力、财力、物力同时调集起来完成一个工程成为可能。当皇权要彰显其优越性时,皇家园林便承担了这个使命。作为这个园林类型所独具的特征,“皇家气派”不仅表现为园林规模的宏大,还反映在园林总体的布置、建筑的规格和局部细节的设计处理上。因此,皇家园林在隋唐三大园林类型中的地位,比魏晋南北朝时期更为重要,出现了像西苑、华清宫(见图 2-3)、九成宫等一些具有划时代意义的作品。

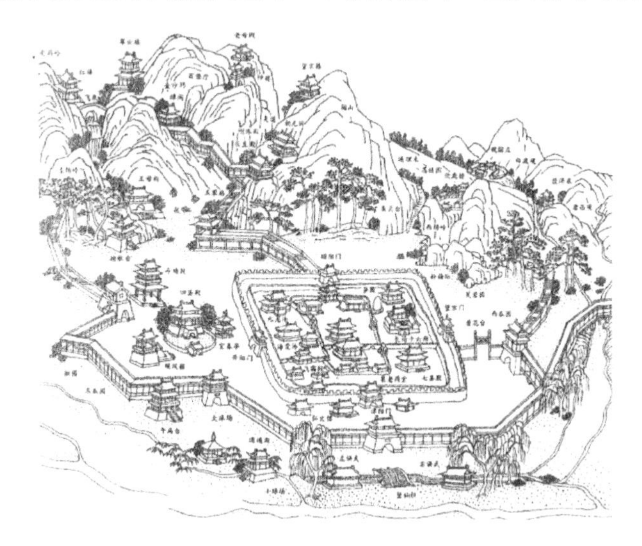

图 2-3　华清宫图

以诗入园、因画成景的做法在唐代已见端倪,中国古典园林诗画的情趣开始形成。山水画、山水诗文、山水园林这三个艺术门类已互相渗透并促进了私家园林艺术性的升华,人们开始着意于刻画园林景物的典型特点以及局部的细致处理。例如,王维的诗作生动地描写山野、田园的自然风光,使读者悠然神往,他的画亦具有同样气质(见图 2-4)。同时,文人参与造园活动,把士流园林推向文人化的境地,又促成了文人园林的兴起。唐代涌现出一批文人造园家,他们的教育经历良好,理解甚至创造了当时的主流文化,因此能够把儒家、道家、佛禅的哲理融于造园思想之中,形成文人园林观。这些文人并非都仕途亨通,官场受挫的人隐逸思想弥漫。文人园林不仅是以“中隐”为代表的隐逸思想的物化,它所具有的清心淡雅的格调和较多的意境蕴涵,在一部分私家园林创作中也有所体现。这使得写实与写意相结合的创作方法又进一步深化发展，为宋朝文人园林兴盛打下基础。

图 2-4　王维的山水画

寺观园林的普及是宗教世俗化的结果，它还体现在宗教和宗教建筑的进一步世俗化上。城市寺观对民众开放使它们成为城市公共交往中心。寺观园林亦相应地发挥了城市公共园林的职能。郊野寺观园林（包括独立建置的小园，以及其绿化和外围的园林化环境），把寺观本身由宗教活动的场所转化为点缀风景的手段，吸引香客和游客，促进原始型旅游的发展，也在一定程度上保护了郊野的生态环境。宗教建设与风景建设在更高的层次上结合，促成了风景名胜区，尤其是山岳风景名胜区普遍开发的局面，山川与名胜相互促进，创造了很多流传于世的经典园林作品。

风景式园林创作技巧和手法的运用，较上一时期又有所提高而且跨入了一个新的境界。造园用石的美学价值得到了充分肯定，园林中的"置石"已经比较普遍。"假山"一词开始作为园林筑山的称谓，筑山既有土山也有石山（土石山），但以土山居多。至于石山，因材料及施工费用昂贵，仅见于宫苑和贵族官僚的园林中。但无论土山或石山，都能够在有限的空间内堆造出起伏延绵、模拟天然山脉的假山，既表现园林"有若自然"的氛围，又能以其打造空间层次。

园林的理水，除依靠地下泉眼得水外，更注重从外面的河渠引来活水。郊野的别墅园一般都依江临河，即便城市的宅园也以引用沟渠的活水为贵。西京长安城内有数条人工开凿的水渠；东都洛阳城内水道纵横，城市造园的条件较长安更优越。活水既可以为池、为潭，也能成瀑、成滩。园林植物题材更为多样化，文献记载中屡屡提及有足够品种的观赏树水和花卉以供选择。我们还可以通过唐朝武则天贬牡丹至洛阳的记载隐隐感到当时可能已经出现了调控花期的栽培技术。园林建筑从极华丽的殿堂楼阁到极朴素的茅舍草堂，它们的个体形象和群体布局均丰富多样而不拘一格，这从敦煌壁画和传世的唐画中也能略窥其一斑。

（四）成熟前期

从北宋到清朝雍正时期的几百年间，中国古典园林继唐代全盛之后，持续发展到鼎盛时期。宋朝作为成熟时期的前半期，在中国古典园林发展史上极其重要，起到了承先启后的作用。这一时期私家造园活动发展十分突出。士流园林全面地“文人化”，文人园林大为兴盛。它的风格特点就是中国风景式园林的四个主要特点在某些方面的外延。文人园林的兴盛，成为中国古典园林达到成熟境地的一个重要标志。皇家园林也受到文人园林的较大影响，显示了比任何时期都更接近私家园林的倾向。这种倾向冲淡了园林的皇家气派，也从侧面反映出宋朝封建政治一定程度的开明性和文化政策一定程度的宽容性。但总体而言，皇家园林的数量和建设规模并不逊于前朝，汴京的帝苑多达九处，其中最著名的就是宋徽宗所建的艮岳（见图 2-5），这是一座因风水之说而建立在皇城东北角的园林。宋徽宗本人艺术造诣很高，对园林建造的要求也很高，在艮岳建造过程中耗费大量钱物和人力，从江南搜罗奇花异石，动用运粮纲船送到汴京，这就是历史上著名的“花石纲”。

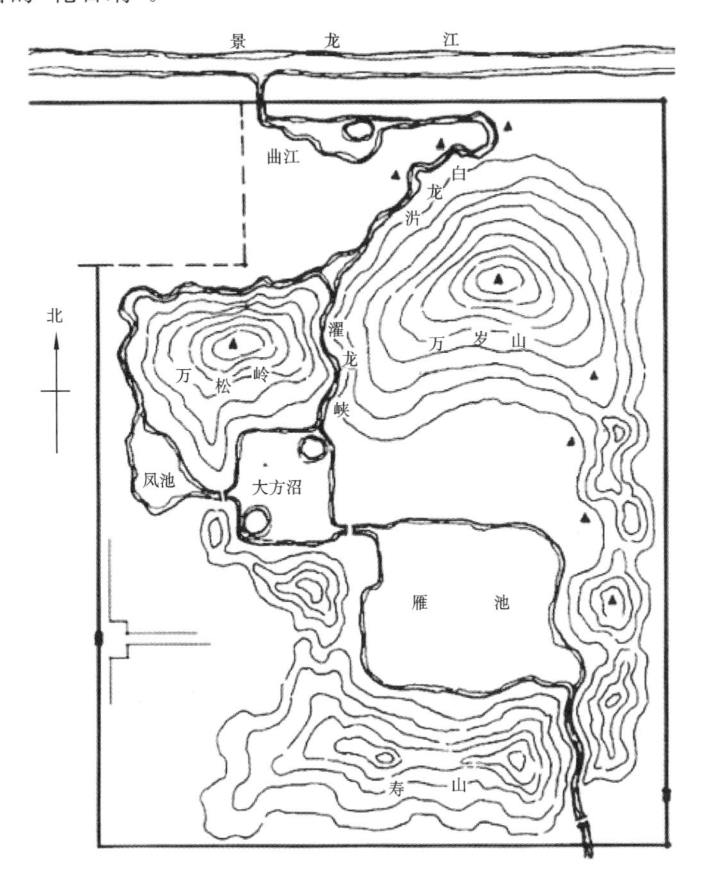

图 2-5 艮岳平面设想图

寺观园林由世俗化而更进一步文人化，文人园林的风格也涵盖了绝大多数寺观园林。公共园林虽不是造园活动的主流，但比之上一时期已更为活跃、普遍。某些私家园林和皇家园林定期向社会开放，亦多少发挥了其公共园林的职能。

造园技术方面，这一时期的叠石、置石均显示出高超技艺，理水技术已经能够缩移、模拟大自然界全部的水体形象，其与石山、土山、土石山相配合而构成园林的地貌骨架。对奇石的追求，宋朝不亚于唐朝。苏轼嗜石，家中以“雪浪”“仇池”二石较为著名。米芾对奇石所定的“瘦、透、皱、漏”四字品评标准，直至今日依旧为后人所沿用。观赏植物由园艺技术发达而具有丰富的品种，为成林、丛植、片植、孤植的植物造景提供了多样选择余地。作为造园要素之一的园林建筑已经具备后世所能见到的几乎全部形象，对于园林的成景起着重要作用。尤其是建筑小品、建筑细部、室内家具陈设之精美，比之唐朝又更胜一筹，这在宋朝的诗词及绘画中屡屡可见。

在意境方面，文人画的画理介入造园艺术，从而使得园林呈现“画化”的表述。景题、匾联的运用，又赋予园林“诗化”的特征。它们不仅更具象地体现了园林的诗画情趣，同时也深化了园林意境的蕴涵。而后者正是写意创作方法所追求的最高境界。所以说，“写意山水园”的塑造，到宋朝才得以最终完成。

(五)成熟后期

元、明、清是中国古典园林成熟期的第二阶段，一方面继承前一时期的成熟传统而更趋于精致，表现了中国古典园林的辉煌成就；另一方面则暴露出某些衰颓的倾向，已部分丧失了前一时期的创新精神。这个时期的造园活动曾经出现两个高潮：一是明朝中晚期南北两京和江南一带私园的繁荣；二是清朝中叶清帝苑囿和江南各地私园的兴盛。其他如山岳风景区、名胜风景区、城郊风景点等也有较大发展。明朝中叶以前园林活动甚少，到正德、嘉靖时期，奢靡之风大盛，各地宅第逾制，亭园华美的现象比比皆是。如江南名园拙政园(见图 2-6)、寄畅园、瞻园都建于正德等年间。此后明神宗的外祖父

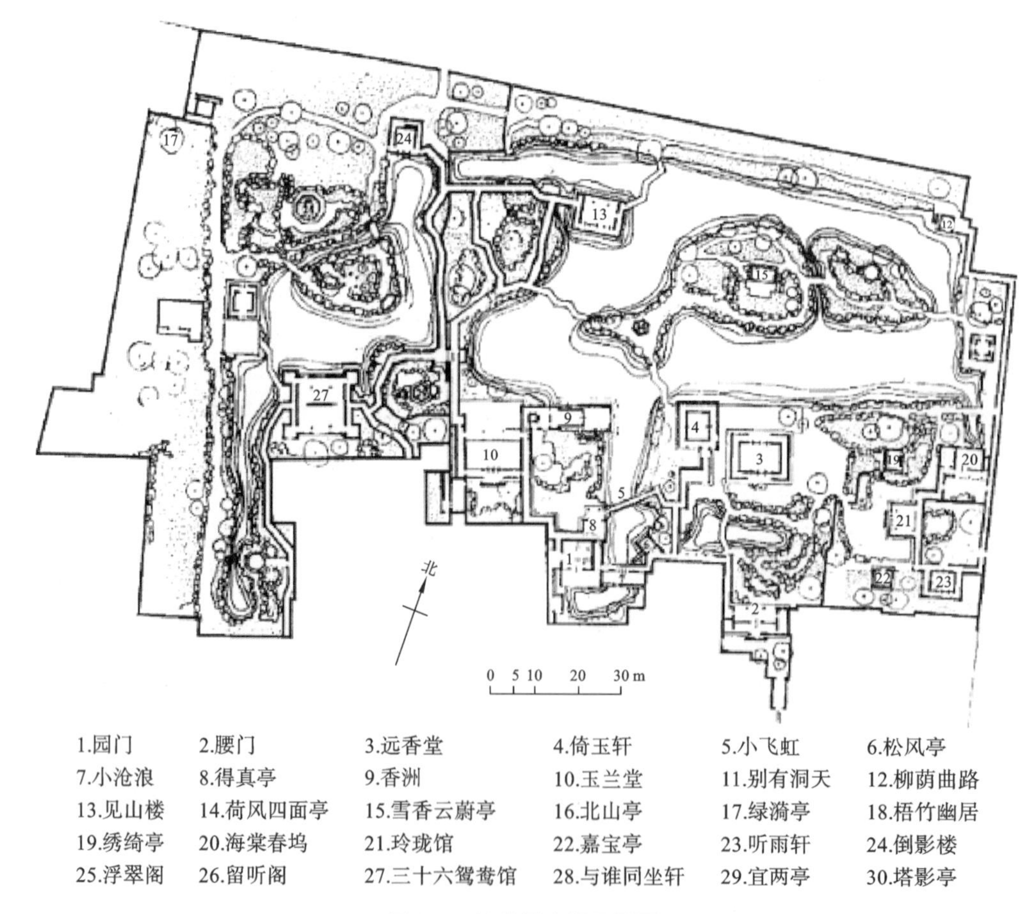

图 2-6 拙政园中部平面图

武清侯李伟的清华园和米万钟的勺园，是万历年间修建的两座名园。清朝自从康熙平定三藩、政局稳定后便着手开始建造离宫苑囿，从北京香山行宫、静明园、畅春园、颐和园（见图 2-7），到承德避暑山庄，工程迭起。乾隆六下江南，各地官员、富豪大肆兴建行宫和园林，以寄邀宠于一时，运河沿线和江南的部分城市掀起了造园热潮，其中以盐商为最。当时扬州城内有园林数十座，瘦西湖两岸十里楼台一路相接形成了沿水上游线连续展开的园林带。明清两代，苏州始终是经济富庶、文化繁荣的城市，优越的生活条件吸引了众多官僚富豪来这里营建园宅。

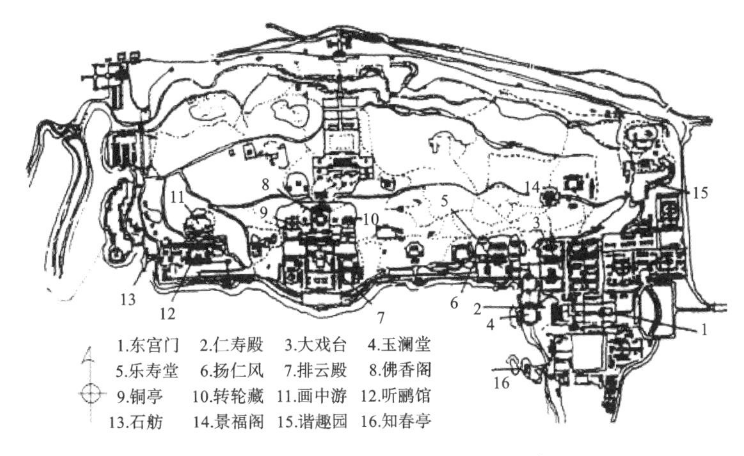

图 2-7 颐和园万寿山建筑分布示意图

清朝政权稳固后，皇家园林的规模趋于宏大，皇家气派又见浓郁。这种倾向一方面反映了此时朝廷绝对君权的集权政治日益发展；另一方面，皇家园林吸收江南私家园林的养分，保持大自然的“林泉抱素之怀”，为之后的皇家园林建设之高潮打下了基础。在某些经济富庶地区，城市、农村聚落的公共园林已经比较普遍。它们多半利用水系而加以园林化的处理，或者利用旧园、废址加以改造，或者依附于工程设施的艺术构思，或者对寺观外围的园林化环境进行扩大，等等，都具备开放的、多功能的绿化空间的性质。无论规模的大小，它们都是城市或乡村聚落总体的有机组成部分。所以说，公共园林虽然不是造园活动的主流，但作为一个园林类型，其所具备的功能和造园手法，以及所表现的开放性的特点已然十分明显。

明清时期园林的兴盛造就了一批从事造园活动的专家，如样式雷家族、计成、张涟、叶洮、李渔、戈裕良等，他们有较高的文化艺术素养，又从事园林设计与施工方面的工作，把园林创作推向了更高层次，提高了园林的艺术水平。计成在总结实践经验基础上，著有《园冶》一书，这是我国古代最系统的园林艺术论著，它标志着江南民间造园艺术成就达到高峰。

清末民初，封建社会完全解体，历史急剧变化，西方文化大量涌入，中国园林的发展亦相应地产生了根本性的变化，园林的古典时期宣告结束，开始进入现代园林的阶段。

三、中国古典园林的基本特征

中国古典园林作为一个园林体系，与世界其他园林体系相比，具有鲜明的个性特征，可概括为以下四个方面。

(一)源于自然且高于自然

中国古典园林以自然风景和山水为地貌基础却不是简单地模仿自然，而是有意识地加以改造、调整、加工、剪裁，正如“一拳则太华千寻，一勺则江湖万里”一样，通过文化、艺术行为对其进行点缀与改造，具有高于自然的文化内涵，也就具备了高于自然的特点，从而表现出一个精炼概括的、典型化的自然，既源于自然而又高于自然的园林空间。

(二)建筑美与自然美的融合

中国古典园林在景观设计时都力求把建筑与山水、花木等其他造园要素有机地融合在同一个风景画面之中。并在整体画面中突出彼此协调、互相补充的积极一面，限制彼此对立、相互排斥的消极一面，从而在总体上将园林的建筑美和自然美结合起来，达到一种人工与自然高度协调的境界——天人合一的境界。

(三)诗画的情趣

园林本身是一门综合时空、物料的艺术，中国古典园林的创作能充分地将这一特性运用到各个艺术门类中，打造出诗画般的艺术作品。不仅如此，古典园林中还经常直接出现诗画内容。例如，楹联、匾额、碑刻等本身就是园林的组成部分。甚至很多园林营造的初衷就是围绕这些楹联、碑刻等内容所建的“标题园”。中国古典园林与诗密不可分，这使得园林从总体到局部都包含着浓郁的诗画情意。

(四)意境的营造

意境是中国艺术创作和鉴赏方面的一个极重要的美学范畴。简单说来，意即主观的理念、感情，境即客观的生活、景物。意境产生于艺术创作中。两者的结合即创作者把自己的感情、理念融于客观生活、景物之中，从而引发鉴赏者类似的情感悸动和思维联想，而景观设计师也通过造园技法将意境通过园林传递给观园者。中国古典园林意境的体现可通过浓缩自然山水创设“意境图”、预设意境的主题和语言文字等方式来体现。

第二节　外国园林概述

一、外国古典园林渊源

古埃及、古巴比伦、古希腊、古罗马，这些文明古国在奴隶制的基础上创造了灿烂的古代文化，出现了巨大的建筑物、灌溉系统以及城市等，也出现了造园活动的记载。

(一)古埃及的造园

Note

古埃及位于赤道附近，气候干旱炎热，当时的人们尤其重视水源和绿荫。古埃及造园艺术的产生远早于世界其他国家和地区。尼罗河谷园艺发达，公元前 3500 年就出现有实用意义的树木园、葡萄园、蔬菜园等。与此同时，还出现了供奉太阳的神庙和崇拜祖先的金字塔陵园。这成为古埃及园林形成的标志。古埃及园林可划分为宫苑园林、圣苑园林、陵寝园林和贵族花园四种类型。古埃及的园林庭园一般呈矩形，绕以高垣，园内以墙体分隔空间，或以棚架绿廊分隔成若干小空间，互有渗透与联系。园内花木的行列式栽植、水池的几何造型，都反映出恶劣的自然环境中人们力求改造自然的思想（见图 2-8）。

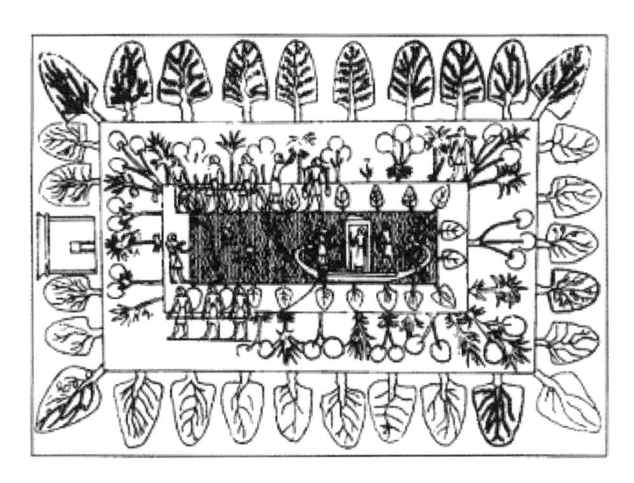

图 2-8 古埃及园林派科玛拉(Pekhmara)平面图

（二）古巴比伦的造园

古巴比伦城位于幼发拉底河中游，土地肥沃、森林植被茂密，典型的园林形式是以自然风格和狩猎为主的森林猎苑。公元前 7 世纪的空中花园（见图 2-9）是历史上最著名的古巴比伦园林代表，被列为世界七大奇迹之一。它由金字塔形的数层露台构成，顶上有殿宇、树丛和花园，山边层层种植花草树木，并且人工将水引上山，做成人工溪流和瀑布，远观有将庭园置于空中之感。

图 2-9 古巴比伦的空中花园

（三）古希腊的造园

古希腊是欧洲文明的摇篮，音乐、绘画、雕塑和建筑等艺术达到了很高的水平，发达的民主思想和集体活动的需求促进了大型公园园林、娱乐建筑和设施的发展。而苏格拉底、柏拉图、亚里士多德等杰出代表对古希腊哲学、美学以及数理学的研究对古希腊园林产生了重大影响，使西方园林朝着有秩序的、有规律的、协调均匀的方向发展。

古希腊园林由于受到特殊的自然植被条件和人文因素的影响，出现许多艺术风格的园林。古希腊园林类型多样，主要有庭院园林、圣林、公共园林和学术园林四种类型，它们滋养了后世的欧洲园林文化。近代欧洲的体育公园、校园、寺庙园林等都还留有古希腊园林风格的痕迹。

古希腊园林往往属于整体建筑的一部分，因为建筑是几何形空间，园林布局也采用规则形式与之协调(见图 2-10)。同时，由于教学、美学的发展，古希腊园林也强调均衡、稳定的规则式园林特征。

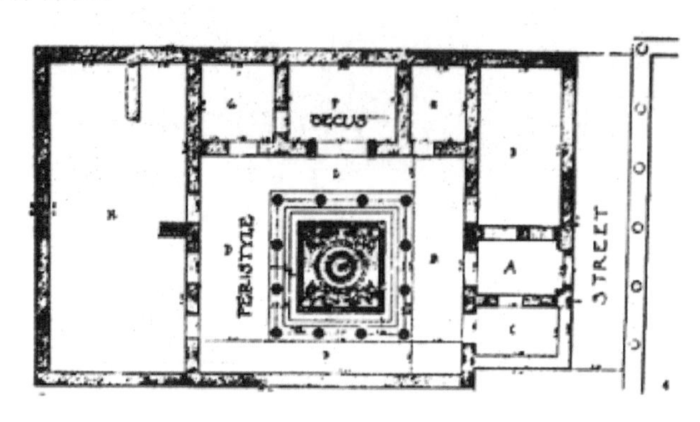

图 2-10　带列柱的住宅平面图

(四)古罗马的造园

古罗马境内多丘陵山地，冬季温暖湿润、夏季高温，而坡地凉爽，这些特殊的地理气候条件对园林布局风格有一定的影响，在学习古希腊的建筑、雕塑和园林艺术的基础上，古罗马园林文化得到了进一步发展，在园林类型上分为宫苑园林、别墅庄园园林(见图 2-11)、中庭式(柱廊式)园林和公共园林四个主要类型。

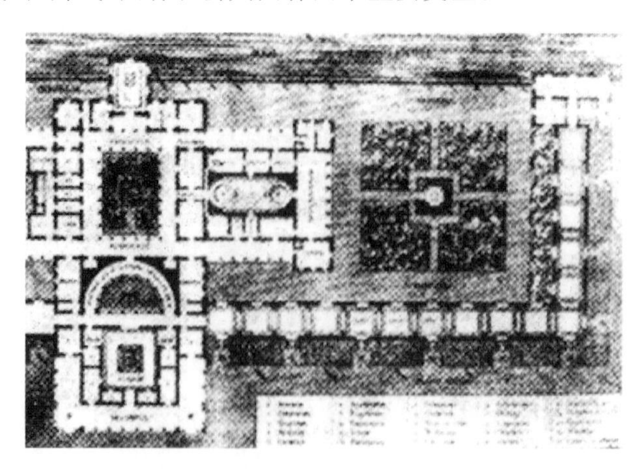

图 2-11　豪德波特(Haudebourt)的劳伦提努姆别墅复原图

在古希腊园林艺术影响下，古罗马园林原有的以食用为主的果园、菜园和种植香料、调料的园地风格逐渐转向观赏性、装饰性和娱乐性的园林风格。罗马人把花园视为宫殿、住宅的延伸。古希腊园林规则式布局影响了古罗马园林在规划上采用类似建筑的设计方式，地形处理上也是将自然坡地切成规整的台层，园内的水体、园路、花坛、行道树、绿篱等都有几何外形，无不展现出井然有序的艺术魅力。在园林植物造型上，常种植耐修剪的黄杨、紫杉和柏树，以用于造型，植物被修剪成各种几何形体、文字和动物图案，称为绿色雕塑或植物雕塑。当时比较流行的花卉种植形式有花台、花池等，也出现了蔷薇园、杜鹃园、鸢尾园、牡丹园等专类植物园，还出现了“迷园”。迷园类似于现在的迷宫，是在平地上设计复杂的图案，在图案上栽植耐修剪的小乔木或小灌木，打造出迂回曲折、扑朔迷离的效果，娱乐性强。迷园之后流行到了欧洲，至今我们还可以在欧洲的园林中看到迷园。后期古罗马园林盛行雕塑作品，从雕刻栏杆、桌椅、柱廊到墙上浮雕、圆雕，这些雕塑为园林增添了艺术魅力。

古罗马横跨欧、亚、非三大洲，由于地理位置的特殊性，它很容易成为经济、文化的交汇点，进而可以同时吸收不同文化，因此古罗马园林除了受到古希腊园林的影响外还受到古埃及和古代中亚、西亚园林的影响，但这种特殊的地理位置也是古罗马文明在历史上多灾多难的原因。既然是交通要道，也必然极易成为兵家必争之地，随着一次又一次战争的爆发和破坏，古罗马消失在历史的长河中，一同被带走的还有古巴比伦空中花园、猎苑，以及美索布达米亚的金字塔式台层等灿烂的园林作品。如今，我们只能从古籍史料的只言片语中似有若无地“触碰”一下那个年代的园林。

二、中世纪欧洲的庭院

中世纪的欧洲社会动荡、战争频繁、政治腐化、经济落后，教会拥有绝对的权威，加之教会仇视一切世俗文化，为加强统治，采取愚民政策、排斥古希腊、古罗马文化，这一时期是西欧历史上光辉思想泯灭、科技文化发展停滞、宗教蒙昧主义盛行的“黑暗时代”。其文明主要是教会文明，此时的园林则以实用性为目的的寺院园林和后期简朴的城堡庭院为主。园林的风格也无处不体现着规则和古板。

中世纪西欧的园林主要有两种：一种是装饰性庭院，另一种是用于栽培果树、蔬菜或药草的实用性庭院。装饰性庭院即回廊式中庭，由两条垂直远路把庭院分为四个区，园路交点通常设有水盘和喷泉，用于忏悔和净化心灵，周围四块草地，以花卉、果树进行装饰，作为修道士休息和公众活动的场所。

中世纪前期西欧的造园是以意大利为中心的修道庭院（见图 2-12），后期是以法国和英国为中心的城堡式庭院。

三、文艺复兴时的意大利造园

意大利位于欧洲南部亚平宁半岛，境内多山地和丘陵，该地区属于亚热带地中海气候，夏季谷地和平原空气流动性差，让人感觉烦闷，而山区丘陵则凉风送爽。这些独特的地形和气候条件是意大利台地园林形成的重要的自然因素。同时，文艺复兴也推动了园林风格的差异化，以此可将意大利园林分为美第奇式园林、台地园林、巴洛克式园林三种。

图 2-12　位于罗马的中世纪庭院圣保罗巴西利卡

（一）美第奇式园林

意大利文艺复兴初期的园林多为美第奇式，这类园林在选址上比较重视丘陵和周围环境，要求能够远眺、俯瞰等，并以此借景。园地依山势打造成多个台层，各台层之间相对独立，没有贯穿各台层的中轴线。建筑往往选择建于最高一层以向园内外借景。此时的建筑风格尚保留了部分中世纪的痕迹，即建筑和庄园比较简朴、大方，喷泉水池可作为局部中心，并与雕塑结合，水池造型比较简洁，理水技巧高超，绿丛植坛图案简单，多设在下层台地等。

（二）台地园林

文艺复兴中期多流行台地园林（见图 2-13）。选址重视丘陵山坡，依山势劈成多个台层。园林规划布局严谨，有明确的中轴线贯穿全园，串联各个台层，使整个园区成为统一的整体。庭院轴线有时分主次轴，甚至不同轴线呈垂直、平行或放射状。中轴线以上多以水池、喷泉、雕塑以及造型各异的台阶、坡道等加强透视效果，景物对称布置在中轴线两侧。各台层以上往往以多种水体造型与雕塑结合作为局部中心。建筑有时也会作为全园主景而置于园地最高处。庭院作为建筑的室外延续部分，力求在空间形式上与室内协调和呼应。

图 2-13　意大利台地园——埃斯特庄园

（三）巴洛克式园林

文艺复兴后期意大利流行巴洛克式园林。受巴洛克建筑风格的影响，巴洛克式园林艺术呈现追求新奇、表现手法夸张的倾向，并在园林中充满装饰小品。园内建筑体量一般很大，占有明显的主导全园的地位。园中的林荫道错综复杂，甚至采用了三叉式林荫道的布置方式。此时的植物修剪技术空前发达，绿色雕塑图案和绿丛植坛的花纹也日益复杂精细。

四、法国古典主义园林

17 世纪的法国，国力极盛，与德国、英国并驾齐驱争夺霸权。路易十四称霸欧洲，为了凸显他的自尊和权威，满足其膨胀的虚荣心，宏伟的凡尔赛宫拔地而起。凡尔赛宫是法国最杰出的造园大师勒诺特尔(André Le Nôtre)设计和主持建造的。勒诺特尔生于巴黎，出身于园艺师家庭，学过绘画、建筑，曾到意大利游学，游学期间深受文艺复兴影响。回国后从事造园设计，耗费毕生精力于凡尔赛宫，曾为法国贵族建造百余所私人园林。勒诺特尔的修养和成就提高了他的地位，他赢得了“宫廷造园师之王”的美称。勒诺特尔设计的园林，具有统一的风格和共同的构图原则，它善于把园地与建筑结合成一体，但它们又各具特色，极富想象力。他的职业生涯初期喜欢用意大利台地园的形式修建园林，后根据法国的地形条件和生活风尚，将瀑布跌水改为水池水渠，站高望远变为前景的平眺。由于他一方面继承了法兰西园林民族形式的传统，一方面批判地吸取了外来的园林艺术的优秀成就，结合法国自然条件而创作了符合新内容要求的形式，具有独特的风格。人们通常把这个时期法兰西的苑园形式尊称为“勒诺特尔式”。

法国古典主义园林最主要的代表是孚·勒·维贡府邸花园和凡尔赛宫(见图2-14)，它们都是勒诺特尔设计的。

图 2-14 凡尔赛宫中轴线鸟瞰

凡尔赛宫总面积是当时巴黎市区的四分之一，围墙周长有 45 公里，有一条明显的中轴线，长达 3 公里。其主体思想是彰显法国皇家至高无上的权威，体现达到顶峰的绝对君权。它在总体布局上使用了明显的中轴线，以广大空间来适应盛大集会和游乐活动，以壮丽华美来满足君主无限华丽的生活要求。宫殿放在城市和森林之间，前面通过干道伸向城市，后面穿过花园伸进树林，这条轴线就是整个构图的中枢。道路、府邸、花园、河流都围绕它铺展开，形成统一体。在中轴线上是一条纵向长 1560 米、横向长 1013 米、宽 120 米的十字形大运河，这条运河原来是低洼沼泽区，因此具有蓄水、泄水的功能。水面的反光和倒影又丰富了环境，使宫苑显得宏伟壮阔，对增加轴线的深远意境起了极为重要的作用。主轴的左右两侧是被称为“小园林”的 12 个丛林小区，每个小区在密林深处各有它特殊的题材，具有别开生面的构图和鲜明的风格。宫殿的南北两个侧翼，各有一大片图案式花坛群，在南面的称“南坛园”，台下有柑橘园、树木园，在北面的称“北坛园”，有花坛群、大型绿丛植坛和理水设计。

法国古典主义园林，体现“伟大风格”，追求宏大壮丽的气势，勒诺特尔继承自己祖国造园的优秀传统，巧妙大胆地组织植物题材构成风景线，并创造各个风景线上的不同视景焦点，或喷泉，或水池，或雕塑，互相都可眺望，这样连续地向四面八方展望，视景一个接着一个，好似扩展延伸到无穷无尽。这是勒诺特尔继承法国丛林栽植的造园优秀传统，并根据法国地势平坦的特点，采用在丛林中辟出视景线的方法建造的。

在理水方面，法国平坦的原野上是不能像意大利庄园那样设置众多宏大的喷泉群，并用活水不断形成跌落和瀑布，而且这种理水方式建造费用和维护费用巨大，因此，勒诺特尔继承本民族传统，巧妙运用水池和河渠，通过运用大片静水使法国古典主义园林更加典雅。勒诺特尔式园林的产生，揭开了西方园林发展史上的新纪元，勒诺特尔式园林风格也像意大利文艺复兴时期的台地园一样，风靡全欧洲。

五、英国自然风景园林

英国是大西洋中的岛国，北部为山地和高原，南部为平原和丘陵，属海洋性气候。充沛的水分为植物生长提供了良好的自然条件，英国是以畜牧业为主的国家，草原面积占国土面积的70%，森林面积占10%，这种自然景观又为英国自然园林风格的形成奠定了天然的环境基础。同时，由于“圈地运动”的进行，牧区不断扩大，出现了牛羊如云的草原景观，为风景式园林在英国的出现提供了良好的社会条件。如今，英式草坪风格的园林被全球各地纷纷效仿，但如果没有像英国这样湿润的气候条件，草坪的后期管护将要投入大量的财力。

18世纪，英国田园文学的兴起和自然风景画派的出现，在中国园林“虽由人作，宛自天开”的思想影响下，自然风景园林也更深入人心。英国自然风景园林可以划分为宫苑园林、别墅园林、府邸花园三种类型。

从18世纪初开始的百年间，自然风景园林成为造园新时尚，园林专家辈出，涌现了一批经典的园林作品。

查尔斯·布里奇曼(Charles Bridgeman)是自然式园林的实践者，是使规则式园林向自然式园林过渡的典型代表人物。威廉·肯特(William Kent)则是完全摆脱了规则式园林的第一位造园家，成为自然风景园林的创始人。朗斯洛特·布朗(Lancelot Brown)继威廉·肯特之后成为英国园林界的泰斗，他设计的园林遍布全英国，他也被称为“大地的改造者”。汉弗莱·雷普顿(Humphry Repton)是18世纪后期最著名的风景园林大师，他主张风景园林要由国家和造园家共同完成，给自然风景园林增添了艺术魅力。中国园林艺术通过陶瓷和丝绸上所绘制的图案渗入欧洲，对当时中国园林艺术向欧洲传播起到了重要作用。由于产自中国的陶瓷和丝绸是贵族阶层才能享受的奢侈品，便不难理解为什么中国园林彼时在欧洲自带天然的好感。在此背景下，威廉·钱伯斯(William Chambers)更极力传播中国园林艺术风格，为自然风景园林平添高雅情趣和意境。

初期自然主义风景园林设计师不断摸索风景园林的创作，试图把握自然风景的特性。他们当时用尽所有的艺术技巧来表现自然的风致：抛弃直线条不用，代之以树丛和圆滑的弧线苑路。在风景式园林设计中，除为了创造水池等需要面对地形有较大的变动外，通常都是随着本来地形而设计的，水和树常用以强化地形和地貌。

英国自然风景园林所追求的是广阔的自然风景构图，注重从自然要素直接产生的情感，模仿自然，表现自然，回归自然，让自然风光再现于园林内，这些是英国风景式园林的根本特征。成熟期的英国园林排除直线条道路、几何形水体和花坛、中轴对称布局，以及等距离的植物种植形式，造园时尽量避免人工雕琢的痕迹，以自由流畅的湖岸线、动静结合的水面、缓缓起伏的草地上高大稀疏的乔木或丛植的灌木取胜。在园林理水方面摒弃了规则式园林几何形水池、大量喷泉设施和直线水道等理水手法，把自然水体及其相关人文景观引入园内。园内往往利用自然湖泊或设置人工湖，湖中有岛，并有堤桥连接，湖面辽阔，有曲折的湖岸线，近处草地平缓、远方丘陵起伏，森林茂密。湖泊下游设置弯曲的河流，河流一侧又有开阔的牧场，沿河流布置有庙宇、雕塑、桥、亭、村、舍等，同时，自然种植树林，开阔的缓坡草地散生着高大的乔木和树丛，起伏的丘陵生长着茂密的森林。树木以乡土树种植为主，如山毛榉、椴树、七叶树、冷杉等，并依其原有树姿自然生长。

邱园——英国皇家植物园(Kew—The Royal Botanic Gardens)，是英国自然风景园林的代表作品(见图 2-15)。1731 年，威尔士亲王腓特烈居住于此，称其为邱宫。居住期间亲王夫人开始在此地收集植物品种。1759 年，奥古斯塔公主在宫殿周围开始建造植物园。此时，著名园林建筑大师威廉·钱伯斯被国王乔治三世聘请到邱园，威廉·钱伯斯在邱园留下了大量中国式风格的建筑作品，如 1761 年修建的中国塔及孔庙、清

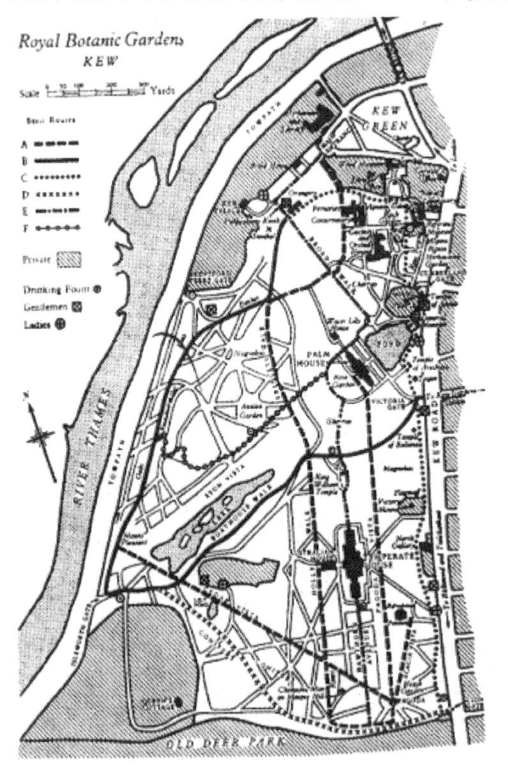

图 2-15 邱园平面图

真寺亭、桥、假山、岩洞等，这些建筑体现着中国园林对英国园林风格的影响。邱园建设首先以邱宫为中心，又在周围建造植物园，后又逐渐扩大面积，同时增加不同风格的植物专类园，进而形成了多个中心。邱园以邱宫、棕榈温室等为中心，形成局部的优美环境，加之自然的水面、草地、风姿美丽的孤植树、茂密的树丛、绚丽多彩的月季亭、千奇百怪的岩石园等，使邱园不仅在园林艺术方面有很高的观赏价值，而且在国际植物学方面具有权威地位。邱园从欧洲、亚洲、美洲等地区引种了 5 万多种植物，这些植物种类繁多，其中不乏珍稀和濒危的物种，这是邱园的显著特色之一。

英国风景式园林以自然主义和天然淳朴的自由风格打破了长期引领欧洲园林发展方向的规则式园林教条的束缚，促进了当时欧洲各国园林风格的变化，对近代欧洲乃至世界园林的发展都产生了深远影响。

六、伊斯兰园林

我们对伊斯兰园林的认识来自公元前 5 世纪的波斯“天堂园”，它四面有墙，墙的作用是与外面隔绝，便于划清天然与人为的界限。

8 世纪波斯庭院开始把平面布置成十字形，即用纵横轴线分作四区，十字林荫路象征伊斯兰教中的四条河，因为《古兰经》中记载“乐园”中有四条生命之河：水河、乳河、酒河和蜜河，所以在伊斯兰园林中沿袭了这一手法。十字形道路交叉处设中心水池，象征天堂。在西亚高原冬冷夏热、大部分地区干燥少雨的情况下，水是庭院的生命，更是伊斯兰教造园的灵魂。

公元 8 世纪前，西班牙造园主要仿罗马中庭样式，西班牙被阿拉伯人征服后，接受了伊斯兰造园传统，公元 14 世纪前后兴造的阿尔罕布拉宫（Alhambra Place）（见图 2-16）经营百年，由大小六个庭院和七个厅堂组成，以 1377 年所造“狮庭”（Court of Lions）最为精美。庭中植有橘树，十字形水渠象征天堂。中心喷泉的下面由十二石狮围成一周，作为底座。各庭之间以洞门联系互通，隔以漏窗，可由一院窥见邻院。植物种类不多，仅有松柏、石榴、玉兰、月柱，杂以香花。建筑物色彩丰富，装饰以抹灰刻花作底，染成红、蓝、金、墨色，间以砖石贴面，夹配瓷砖，嵌饰阿拉伯文字。

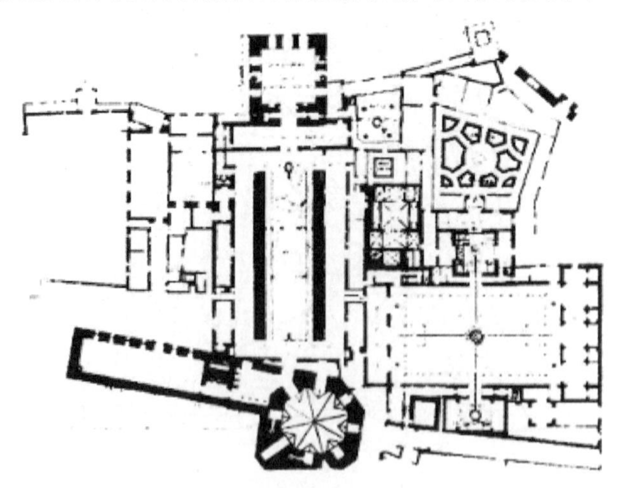

图 2-16　阿尔罕布拉宫平面图

Note

在印度河流域，构成古印度庭院的主要元素是水，水具有装饰、沐浴、灌溉三种用途。除水池之外，凉亭在庭院中也不可缺少，它同时还兼有装饰与实用的功能。由于地处热带，庭院植物中的绿荫倍受重视。自公元1000年后，印度国内出现了伊斯兰教徒的王朝，伊斯兰文化开始在整个印度疆内成为主流。在历代国王中以沙·贾汗时代的伊斯兰庭院最繁盛。泰姬陵(Taj Mahal)是其中的典型代表，它是为沙·贾汗第二任妻子穆塔兹·马哈尔修建的一座陵墓。泰姬陵庭院优美，该园最明显的特征是主要建筑物均不位于庭院中心，而是偏于一侧，即在通向巨大的圆拱形天井大门之处，以方形池泉为中心，开辟了与水渠垂直相交的大庭院，迎面而立的大理石陵墓的动人形体倒映在一池碧水之中。庭院以建筑轴线为中心，取左右均衡的极其单纯的布局方式，用十字形水渠造出四个分园，在它的中心处筑造了一个高于地面的白色大理石的美丽喷水池。泰姬陵具有极高的园林艺术价值。

七、日本园林

日本园林深受中国文化的影响，尤其是唐宋山水园和禅宗思想由中国传到日本以后，被迅速接纳。在结合日本国土地理条件和风俗特点后，日本园林形成了日本独特的风格。日本园林以幽雅、古朴和清丽取胜，表现出日本民族所喜爱的纤巧、以少胜多、小中见大的东方风情。日本园林通常景观尺度不大，以善于利用每一平方米的空间创造出一种悦目爽神而又充满诗情画意的境界著称。日本园林中较少使用色彩艳丽的花卉，却经常使用彩叶树木，如红枫。这些彩叶植物常常在秋季给景观带来绚丽的暖色，效果十分震撼。

日本民族所特有的山水园林的主题是在小块庭地上表现一幅自然风景的全景图。景观的设计结合自然地形地貌走势进行布局，并擅长使用借景手法将外界的风景引入园内，既以写实主义忠实于自然，是自然风景的微缩和还原，又富有诗意和哲学的意味，是象征主义的写意。

日本园林形式大致可分为下列几种。

(一)筑山庭

筑山庭又称山水庭或筑山泉水庭，有山和池，一种是利用地势高低或以人工筑山引入水流，加工成逼真的山水风景；另一种抽象的形式，称作枯山水(见图2-17)，即在狭小的庭院内将大山大水凝缩，用白砂表现海洋、瀑布或溪流，是内涵抽象美的表现。

图2-17　日本枯山水庭院

(二)平庭

平庭即在平坦地上筑园，主要是再现某种原野的风致。平庭可分许多种：芝庭——以草皮为主；苔庭——以青苔为主；水庭——以池泉为主；石庭——以砂为主；砂庭——不同于石庭，有时伴以苔、水、石作庭；林木庭——根据庭园的不同要求配置各种树木(见图2-18)。

图 2-18　日本平庭(绘制:梁玉琼)

(三)茶庭

茶文化由中国传入日本后,饮茶成为日本人民生活中重要的内容,以饮茶为主题的茶室相应出现。附随茶室的庭院,用来表现茶道精神。庭院四周以竹篱相围,穿过庭门和小径后到达茶室。茶庭中以飞石、洗手钵为主要景观内容,沿路点缀石灯笼等小品,并以庭荫树作背景(见图 2-19)。使人无论置身茶庭中还是茶室内都能以不同角度领略园内景观。

图 2-19　日本茶庭

第三节　西方现代园林概述

一、西方现代园林的产生

西方的传统园林主要为上流阶层服务,是社会地位与身份的象征。英国的皇家苑囿是最早对外开放的园林。这些苑囿在14世纪是王室用于休闲的私人猎场。16—17世纪,John Vesey主教为回馈乡里,开始尝试让其封地周围的居民以极低的年费进入园内放牧,这一行为逐渐影响与之交好的王室成员,其后王室也开始尝试将园林向公众短期开放。直至19世纪后期,迫于民众压力才开始完全向公众开放。1843年,英国利物浦市修建的伯肯海德公园,标志着城市公园正式诞生。随即法国、德国等国家争相效仿,开始建造一些为城市自身以及城市居民服务的开放型园林。

1857年,美国的第一个城市公园——纽约中央公园"诞生"。纽约中央公园为城市居民带来了清新安全的一片绿洲,有效地改善了城市居住环境,受到社会高度的好评和认可。纽约中央公园的建成使欧美掀起了城市公园建设的高潮,被称为"城市公园运动",但公园都被密集的建筑群所包围,形成了一个个"孤岛",绿地功能相对脆弱。到1880年,波士顿公园体系——"翡翠项链"形成,将城中数个公园通过绿色廊道连接,在波士顿中心地区形成了一个整体的公园体系。当城市公园的发展突破了这一格局,其对城市绿地系统理论的发展产生了深远影响。这种以城市中的河谷、台地、山脊为依托形成城市绿地的自然框架体系的思想,也成为当今城市绿地系统规划的一个原则。

城市公园的产生是社会进步与城市发展的体现,是提高城市生活质量的重要举措。城市公园成为真正意义上的大众园林,它们通常用地规模较大、环境条件复杂,在设计时需要综合考虑使用功能、大众行为、环境、社会效益、技术手段等要素,有别于传统园林的设计理论与方法。可以说,19世纪欧美的"城市公园运动"拉开了西方现代园林发展的序幕。城市公园运动尽管使园林在内容上与以往的传统园林有所区别,但在形式上并没有创造出全新的风格,依然是在延续传统园林的内容。真正使西方现代园林形成一种有别于传统园林风格的是20世纪初西方"工艺美术运动"和"新艺术运动"引发的现代主义浪潮,正是由于一大批富有进取心的艺术家们掀起的一个又一个的运动,才创造出具有时代精神的新艺术形式,带动了园林风格的变化。

19世纪中期,在英国,以拉斯金和莫里斯为首的一批社会活动家和艺术家发起了"工艺美术运动",运动发起主要是由于厌恶骄奢的风格,并且恐惧工业化的大生产,因此在设计上反对华而不实的维多利亚风格,提倡简单、朴实、具有良好功能的设计,在装饰上推崇自然主义和东方艺术。

在工艺美术运动的影响下。欧洲大陆又掀起了一次规模更大、影响更加广泛的艺术运动——"新艺术运动"。"新艺术运动"是19世纪末20世纪初在欧洲发生的一次大众化的艺术实践活动,它反对传统的模式,在设计中强调装饰效果,希望通过装饰的手段来创造出一种新的设计风格,主要表现在追求自然曲线形和直线几何形两种形式。新艺术运动中的园林以庭院为主,对后来的园林产生了广泛的影响,它是现代主义出现之前有益的探索和准备,同时预示着现代主义园林时代的到来(见图2-20)。

现代主义园林受到现代艺术的影响甚深,现代艺术的开端是马蒂斯开创的野兽派。它追求更加主观和强烈的艺术表现,对西方现代艺术的发展产生了重要的影响。20世纪初,受到当时几种不同的现代艺术思想的启示,设计界形成了新的设计美学观,提倡线条的简洁、几何形体的变化与明亮的色彩。现代主义对园林的贡献是巨大的,它使得现代园林真正走出了传统的天地,形成了自由的平面与空间布局、简洁明快的风格和丰富的设计手法。

图 2-20 西班牙巴塞罗那奎尔公园拱廊

二、西方现代园林设计的代表人物及其理论

西方现代园林设计从 20 世纪早期萌发到当代的成熟,逐渐形成了以功能、空间组织及形式创新为一体的现代设计风格。现代园林设计一方面追求良好的使用功能,另一方面注重设计手法的丰富性和平面布置与空间组织的合理性。尤其是在形式创造方面,当代各种主义与思想、代表人物纷纷涌现,现代园林设计呈现出自由与多元化特征。西方现代园林的发展过程与设计师的成长史相互交叠,彼此成就。这一时期涌现的优秀设计师主要有以下几位。

(一)唐纳德(1910—1979 年)

唐纳德是英国著名的景观设计师,他于 1938 年完成《现代景观中的园林》一书,主要探讨在现代环境下设计园林的方法,填补了现代园林理论的历史空白。在书中,他提出了现代园林设计的三个方面,即功能的、移情的和艺术的。

唐纳德的功能主义思想是从建筑师卢斯和柯布西耶的著作中吸取的精华,他认为功能是现代景观最基本的特征。移情方面来源于唐纳德对于日本园林的理解,他提倡尝试日本园林中对石组布置时所使用的均衡构图的手法以及从没有情感的事物中感受园林精神所在的设计手法。在艺术方面,他提倡在园林设计中处理形态、平面、色彩、材料等方面运用现代艺术的手段。1935 年,唐纳德为建筑师谢梅耶夫设计了名为"本特利树林"(Bentley Wood)的住宅花园(见图 2-21),"本特利树林"完美地体现了他的设计理论。

(二)托马斯·丘奇(1902—1998 年)

托马斯·丘奇是 20 世纪美国现代景观设计的奠基人之一,是 20 世纪少数几个能从古典主义和新古典主义设计完全转向现代园林形式和空间设计的设计师之一。20 世纪 40 年代,美国西海岸私人花园盛行,这种新户外生活方式的载体被称为"加州花园",它是集艺术、功能等于一体的设计理念,体现出自由与活力,它使美国园林的历史

图 2-21　“本特利树林”景观

从对欧洲风格的复制和抄袭转变为对美国社会、文化和地理的多样性的开拓。“加州花园”的设计风格平息了“规则式”和“自然式”之间的斗争，创造了与功能相适应的形式，使建筑和自然环境之间有了一种新的衔接方式。丘奇最著名的作品是 1948 年的唐纳花园(Donnel Garden)，花园内除庭院外还设计了游泳池、餐饮区，还有大面积的露天平台，符合现代人生活特点，具有较强的实用性(见图 2-22)。

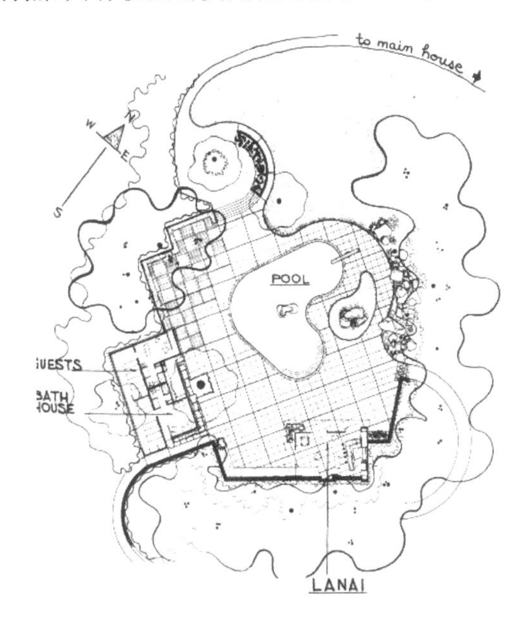

图 2-22　唐纳花园平面图

(三)劳伦斯·哈普林(1916—2009 年)

劳伦斯·哈普林是第二次世界大战后美国景观规划设计重要的理论家之一。他视野广阔、视角独特、思想敏锐，从音乐、舞蹈、建筑学及心理学、人类学等学科吸取了大量知识，创造了具有创造性、前瞻性的、与众不同的理论系统。哈普林最重要的作品是 1960 年为波特兰市设计的一组广场和绿地(见图 2-23)。三个广场是由爱悦广场、柏蒂格罗夫公园、演讲堂南广场组成，并由一系列改建成的人行林荫道连接。这个设计充分

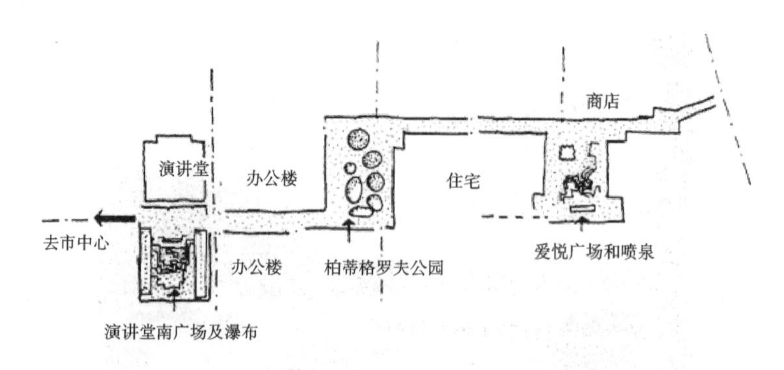

图 2-23 波特兰市系列广场和绿地平面位置图

体现了他对自然的独特理解，他依据对自然的体验来进行设计，将人工化了的自然要素插入环境中。无论在实践层面还是理论层面，劳伦斯·哈普林在 20 世纪美国的景观规划设计行业中都有着重要地位。

（四）布雷·马克斯（1909—1994 年）

布雷·马克斯，巴西景观设计师，是 20 世纪杰出的造园家之一。布雷·马克斯将景观视为艺术，将现代艺术在景观中的运用发挥得淋漓尽致。他的形式语言大多来自米罗和阿普的超现实主义，同时也受到立体主义的影响，在巴西的建筑、规划、景观规划设计领域展开了一系列开拓性的探索。他不仅创造了适合巴西气候特点和植物材料的风格，还创造了设计语言，如曲线花床、马赛克地面等。这些创造被广为运用，给了后来的景观设计从业者较大的启发。

三、西方现代园林设计的多样化发展

20 世纪 20 年代至 60 年代，西方现代园林设计经历了从产生、发展到壮大的过程，70 年代以后园林设计受社会、文化、艺术和科学的影响，呈现出多样化的发展。

（一）生态主义与现代园林

1969 年，美国宾夕法尼亚大学教授麦克哈格（Lan Mc Harg，1920—2001 年）出版了《设计结合自然》一书，提出了综合性生态规划思想，在设计和规划行业中产生了巨大的反响。20 世纪 70 年代以后，受生态和环境保护主义思想的影响，更多的园林设计师在设计中遵循生态原则，生态原则成为当代园林设计中一个普遍考虑的原则。这种观点倡导景观设计把人作为自然的一部分，设计本身要充分尊重自然的机理，并充分体现循环利用和可持续性的特点。

（二）大地艺术与现代园林

20 世纪 60 年代，艺术界出现了新的思想，一部分富有探索精神的园林设计师不满足于现状，在园林设计中进行大胆的艺术尝试与创新，开拓了大地艺术（Land Art/Earth Art/Earthworks）。这些艺术家摒弃传统观念，在旷野、荒漠中将自然材料直接作为艺术表现的手段，在形式上用简洁的几何形体，创作出巨大的艺术作品。大地艺术的思想对园林设计的影响在于，众多园林设计师借鉴大地艺术的手法巧妙地利用各种材料与自然变化融合在一起，创造出丰富的景观空间，能够使得园林设计的思想和手段更如丰富。但大地艺术诞生之初并不全是支持的声音，瓦尔特·德·玛利亚（Walter de Maria）的《钻地球一千米》就被当时的大部分公众认为是做了件极荒谬的事情。

（三）后现代主义与现代园林

进入 20 世纪 80 年代，人们对现代主义逐渐感到厌倦，于是“后现代主义”（Post Modernism）这一思想应运而生。与现代主义相比，后现代主义是现代主义的继续与超越，后现代的设计应该是多元化的设计。历史主义、复古主义、折中主义、文脉主义、隐喻与象征、非联系有序系统层、讽刺、诙谐都成了园林设计师可以接受的思想和表达方式。1992 年建成的巴黎雪铁龙公园（Parc Andre Citroen）（见图 2-24）带有明显的后现代主义特征：历史回忆元素、拼贴手法与斜向轴线等。

图 2-24　巴黎雪铁龙公园平面图

（四）解构主义与现代园林

解构主义（Deconstruction）最早是法国哲学家德里达提出的。在 20 世纪 80 年代，解构主义成为西方建筑界的热门话题。可以说，解构主义是一种设计中的哲学思想，它采用歪曲、错位变形的手法，反对设计中的统一与和谐，反对形式、功能、结构、经济彼此之间的有机联系，产生一种特殊的不安感。解构主义的风格并没有成为主流，被列为解构主义的景观作品也极少，但它丰富了景观设计的表现力，巴黎为纪念法国大革命 200 周年而建设的“九大工程”之一——拉·维莱特公园（Parc de la Villette）（见图 2-25）是由建筑师伯纳德·屈米（Bernard Tschumi）设计的一件解构主义景观作品。

（五）极简主义与现代园林

极简主义（Minimalism）产生于 20 世纪 60 年代，它以追求抽象、简化和几何秩序的标准设计作品，并以此为单一、简洁的几何形体或数个单一形体的连续重复。极简主义

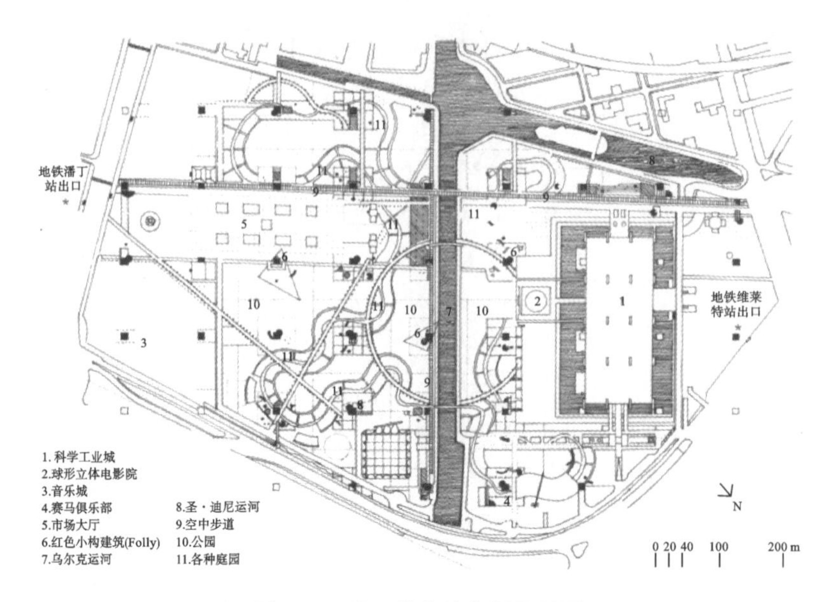

图 2-25　拉・维莱特公园平面图

对于当代建筑和园林景观设计都产生相当大的影响，不少设计师在园林设计中从形式上追求极度简化，用较少的形状、物体和材料控制大尺度的空间，或是运用单纯的几何形体构成景观要素和单元，形成简洁有序的现代景观。具有明显的极简主义特征的是美国景观设计师彼得・沃克(Peter Walker)的作品伯纳特公园(见图 2-26)，沃克将极简主义定义为，物即其本身，所有的设计首先要满足功能的需要。在构图上沃克强调几何和秩序，材料上以钢、玻璃、岩石、卵石、沙砾、草地等为主，种植形式也以规则式为主，树木以网络状排列，灌木统一修剪，花卉整体色彩简单。

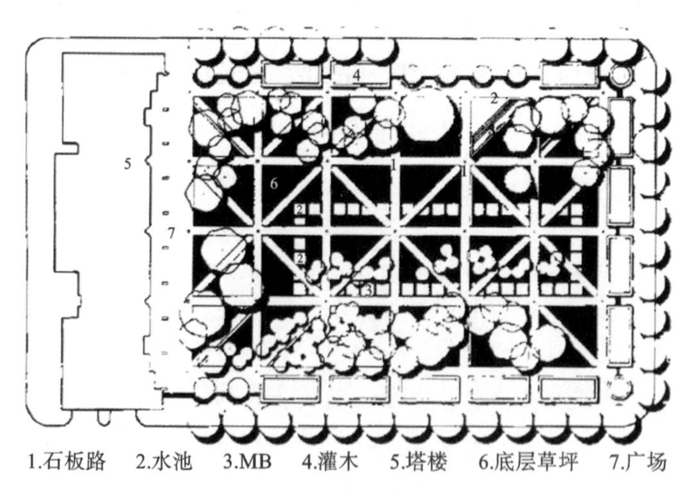

图 2-26　伯纳特公园平面图

西方现代园林从产生、发展到壮大的过程都与社会、艺术、生态等学科交叉并紧密联系。各种风格和流派层出不穷，但是发展的初衷始终没有改变，现代园林设计仍在不断丰富，与传统进行交融，和谐完美是园林设计师们追求的共同目标。

本章小结

中国古典园林历史悠久，大约从公元前11世纪的奴隶社会末期始到19世纪末封建社会解体为止，经历了生成期、转折期、全盛期、成熟前期和成熟后期几个发展阶段。呈现出四个方面的基本特征：源于自然且高于自然、建筑美与自然美的融合、诗画的情趣、意境的营造。

国外古典园林，从古埃及、古巴比伦、古希腊、古罗马，到中世纪欧洲、文艺复兴时的意大利造园、法国古典主义园林、英国自然风景园林，园林的发展体现的特色与中国迥异。除此以外，伊斯兰园林、日本园林也体现出各自的独特样貌。发展到现代，西方园林有生态主义、大地艺术、后现代主义、解构主义、极简主义等表现形式，中国园林也与世界各国园林一起发展，呈现出多样化的发展特点。

1. 中国古典园林的类型有哪些？
2. 中国古典园林的发展历程分为哪几个阶段？各自有什么特点？
3. 国外古典园林的发展历程及其突出的特点是什么？
4. 西方现代园林的代表人物及其理论有哪些？
5. 西方现代园林设计发展呈现出哪些多样化表现？

第三章
景观设计流程

学习目标

1. 了解和掌握景观设计的流程；
2. 了解和掌握景观设计的基本方法和理念。

思维导图

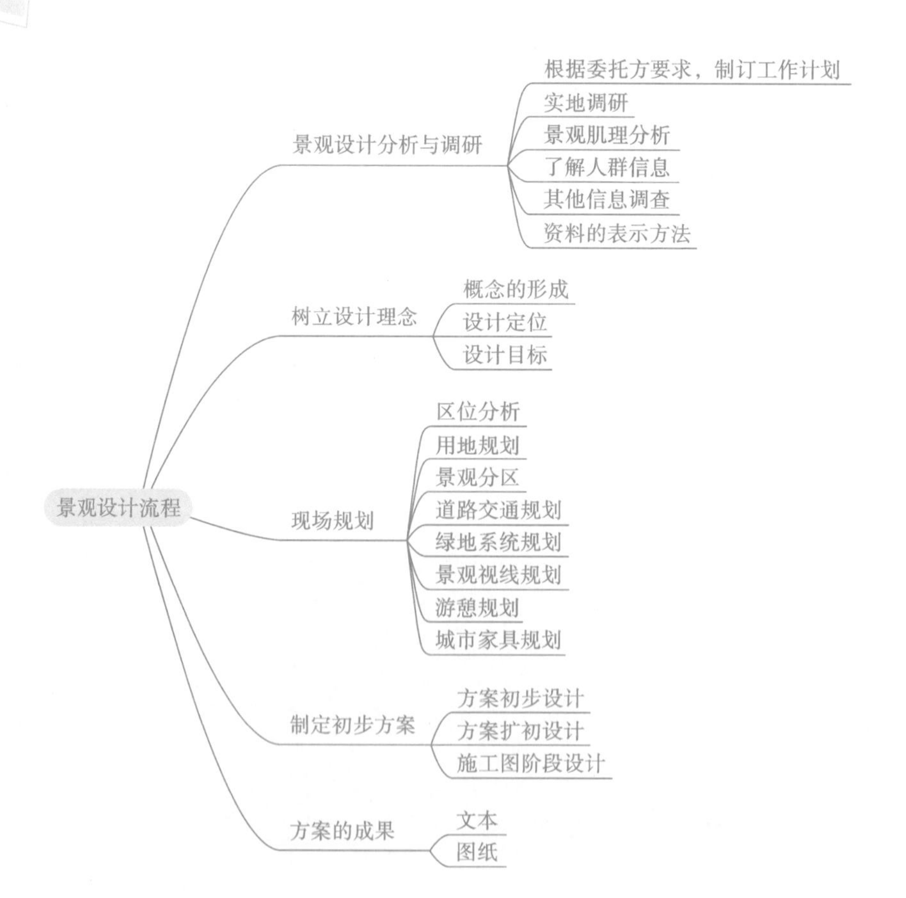

案例引导

不同公司对待项目的不同做法

景观设计公司甲,接到项目后,第一时间成立项目组,因为设计场地不在本地,只在签合同之前去过一次。项目组根据照片和视频讨论方案细节,进行方案设计及图纸表现。但是设计了三轮后,甲方仍不满意。

景观设计公司乙,接到项目后,第一时间成立项目组,先后三次赴场地进行现场调研,做了详细记录,并做了好几轮的分析和讨论,因为时间比较紧急,前期现场调研又花了很多时间,导致设计时有些仓促,直至快到双方约定的时间,公司还没做出让甲方满意的设计。

景观设计公司丙,接到项目后,也是第一时间成立项目组奔赴设计现场,进行了详尽的调研和记录,并做了细致分析。为了表示其诚意,在做完方案后景观设计公司丙还将甲方所有需要的设计图纸都完成了,然而在方案汇报时,甲方提出一些修改意见,导致很多设计图纸需要重做。

资料来源 以上材料为作者自编。

【问题】 三家景观公司遇到的问题是什么原因造成的?它们怎么做才能避免以上情况?

景观设计实际上是一项复杂的工程,需要实现由表及里、从浅到深的改变,并在过程中进行不断的更新与完善。设计者拿到项目设计的权限后,应该先进行实地考察,对场地的实际情况、自然环境、人文环境、社会文化等进行详细的调研和精细的评估。通过对这些资料的分析与评估,归纳概括出自己的设计理念和目标;从概念入手,整合施工方案、设计施工图纸、协商确定施工方案和图纸等,直到做出甲乙双方都满意的方案,设计才算完成。

第一节 景观设计分析与调研

着手设计景观项目之前,可以先问自己三个问题:设计什么?怎样设计?期望获得什么样的效果?现今很多景观直到最后建成都未能达到设计委托方想要获得的预期效果,主要原因之一应当归咎于设计师在规划设计之前没有对场地进行全面、细致的了解,制作的方案不够成熟,没有对场地进行全方位的预测,忽视了其中的不确定性。

一、根据委托方要求,制订工作计划

在设计之前,设计人员应该多与项目委托方(甲方)交流,充分了解设计委托方的需求。然后应该根据甲方提出完成项目的时间,制订工作计划,景观项目在设计上很可能

要经过多次调整，有时候还可能受到外界因素的干扰，因此在工作前期，工作节奏应该快一点。

二、实地调研

场地现状调查包括收集与场地有关的技术资料和进行实地勘探、测量两部分工作。

有些技术资料可以从有关部门得到，如基地的地形图和现状图、管网图、气象资料、水利资料，等等，对于一些不完整或与现状有出入的资料可以采取重新收集的方式。除资料的收集外，对现场的直观认识也是非常重要的，因此对于场地现状的调查还需要做好以下几项工作：

(1)做好拍照或录像工作，设计阶段有些不够清楚和明白的现场，可以通过这些图片和录像很好地呈现出来，减少去实地确认造成的时间和精力的浪费；

(2)做一些简单的笔记，如资料与实际不相符合的部分要着重标注出来，一些比较特殊的结构如坡地、洼地也需标注出来，以便后期因地制宜；

(3)确定基地调查的主次，现状调查并不是对地质条件、气象资料、人工设施、视觉质量等一个不漏地进行调查，而是根据场地的大小、特征、场地中可利用的因素等有目的、分主次地进行调查。

场地分析是在客观调查和主观评价的基础上，对基地及其环境的各种要素做出综合性的分析和评价，使基地的优势得到充分发挥。(见图 3-1)

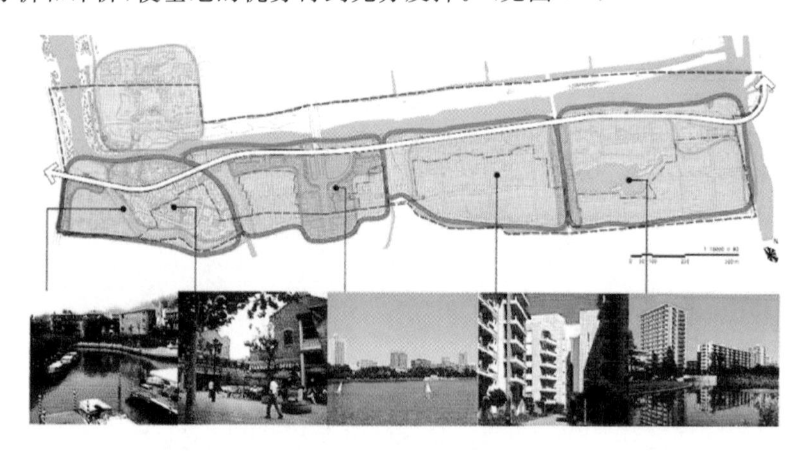

图 3-1　场地调查分析图

场地分析包括对场地特征以及场地存在问题的分析评估。景观设计在很大程度上是一种解决实际问题的行为，通过对场地的分析、利用做到设计上的“恰如其分”，具体内容包括：

(1)从甲方处索取平面图纸，明确规划设计范围等；

(2)分析场地中的用地状况，以及现存建筑物、道路、植物以及其他有价值的景观元素；

(3)定位和评估场地的自然特征，如岩石、地形以及周边的环境关系；

(4)记录场地冬夏两季的主导风向；

(5)研究场地的地势，对于地形比较复杂的地势可以用照片或速写的方式记录下来。

场地调查还有一个重要方面就是收集和整理与场地有关的人文资料。每一个场地都有自己的历史和文化，只不过表现的内容和形式不一样。有的场地有著名的历史人物文化资源，有的场地独具美丽的风景名胜，有的场地有独特的人文背景，有的场地虽然看起来很普通，但它的景观肌理记录了这块场地经历的风风雨雨。

三、景观肌理分析

景观设计的独特性，简而言之就是在原有地域风貌上，以及在文化、历史、生活上的累积及其表现，个性景观无法被复制，其核心就是其极具特性的景观肌理。(见图 3-2)

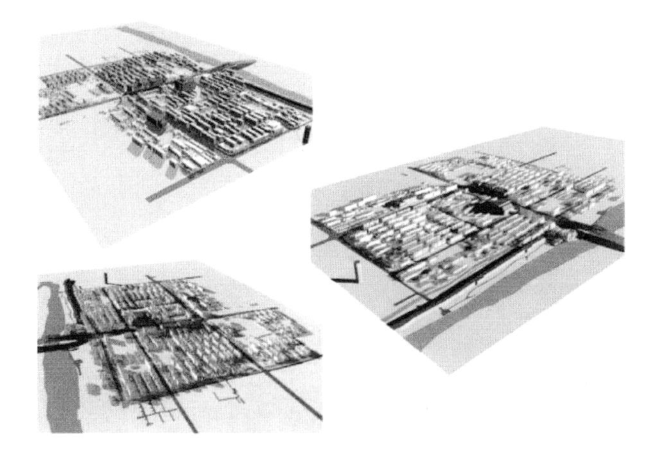

图 3-2 肌理分析图

景观肌理分析包括以下内容：

(1)分析场所的文化、历史特征；

(2)分析场所中人们的常规生活习惯等；

(3)分析特定环境的色彩、材质以及形态；

(4)分析与景观主体有紧密联系的建筑、小品等外部元素特征。

四、了解人群信息

现代景观设计的服务主体是人民群众。不管是具备经济价值的商业性景观用地，还是以功能性为主的公用型和居住型的景观设计，抑或是其他类型的景观设计，其主要对象都应是普通民众，因而对设计的人性化要求更为突出，想要符合大众的口味，就需了解他们的需求，从解决需求出发，景观设计师需要选择一些代表人群，从中了解一些普遍性的问题，并对其进行分析概括，主要包括以下几个方面：

(1)分析项目所针对的主要目标群体的年龄、爱好等；

(2)观察同类项目的人群活动特征、休闲方式等；

(3)分析场地和气候等外部条件对目标人群的影响；

(4)分析人群的行为习惯。

五、其他信息调查

现代景观设计包含的范围非常广泛，因景观项目的性质和大小不同，场地的调查与分析除了以上提到的内容之外，还可能涉及其他方面，比如对面积较大的风景区、自然保护区进行规划设计时需要做旅游调查、游憩项目调查等。

六、资料的表示方法

在对场地进行调查和分析时，所有资料应尽量以图纸或图解的方式呈现出来，并适当地加以文字说明，也可以用表格方式表达，这样分析起来会更直观。

标有地形的现状图是场地调查、分析的基本资料，现状图上需要有等高线、比例、朝向、各级道路网以及主要的建筑物和设施等。场地的调查分析可以通过现状地图、现状道路系统图、现状绿化图等表达在图纸上面，同时给予必要的文字说明，就会一目了然。

历史人文、民风民俗等方面内容，则主要采取图片和文字共同说明的方式呈现。

一般而言，稍微复杂一点的景观设计项目在设计之前都有一个背景分析，其中就包含了对场地的图纸分析和文字分析，对场地的理解是否深刻直接影响后面阶段的景观设计。（见图 3-3）

图 3-3 用照片表示的现状图

第二节 树立设计理念

通过对现有数据资料的归纳概括，可发现场地的特征，可清晰定位设计规划的理念，确定好设计的目标、思路等，然后进入项目的概念设计阶段。

Note

一、概念的形成

概念设计是确定一个主导概念,以它为主线,贯穿全部设计过程的设计方法。概念设计是凭借概念把设计者复杂的情感和乍现的思维灵感提升到统一的理性思维层面,以此完成整个设计。

概念设计常用的概念形式有两种:一种是哲学性的概念,另一种是功能性的概念。

哲学性的概念具有很强的特性,往往表现为场地一种特有的精神,设计师需要发现并总结这种精神的特征,进而巧妙地将其融入设计形式之中。比较突出的例子是美国华盛顿越战纪念碑,纪念碑壁平面为一个平放的V形,在几米高的黑色碑墙上,刻着在战争中逝去的五万多人的姓名。纪念碑被置于大片的草坪中,用绿地衬托碑体。设计师用两边高中间低的天然地形使碑文所铭刻的名字看起来从两边向中间不断增多,使人由心底萌生一种特别的感觉,并受到无法抗拒感染。在这没有英雄形象的纪念碑下,面对着这刻满了逝者人名的碑墙,人们思考着战争与和平的关系,它安慰着无数个在他乡的亡魂。

另外,象征主义的手法经常用于哲学性的概念中,在中国古典造园艺术中,象征主义是最常见的方式,"一勺代水,一拳代山"就是通过一个小景或局部景色让人们联想到与该造景具有相似性的大自然,从而联想到"一勺则江湖万里,一石则太湖千寻"。

概念设计的另外一种形式是功能性概念,是指涉及解决特定问题并能以概念的形式去表达,如把成本控制在某一范围:怎么样保护动物的生存环境,增加绿地面积,等等。在解决实际问题时,可能没有一个很清楚的空间概念,这样设计的形式也许会受到很大的影响,这些功能性问题能否解决甚至可能决定一个项目的成功与否。但是从概念到设计,设计师往往需要一个媒介,或者说灵感,这种灵感可能来源于生活,可能来源于大自然,任何有可能给予设计师想象空间的,都有可能成为其设计灵感。(见图3-4)

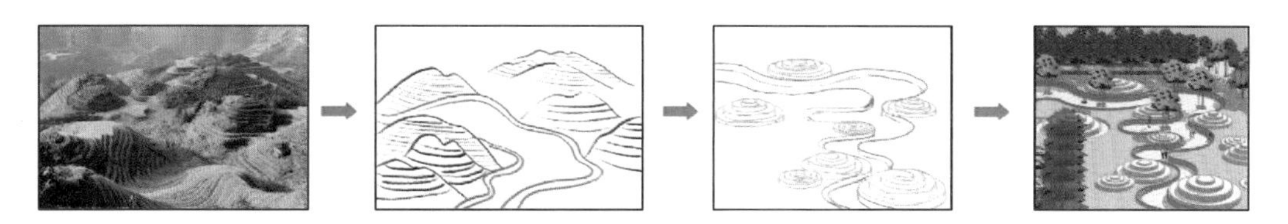

图3-4 从概念到设计(设计:龙渡江)

二、设计定位

对设计进行清晰明确的定位,是景观项目运作过程中不可忽视的环节。在这个环节中,设计对象、市场、项目的优劣势都清晰明确地被整合出来。设计定位可以使设计游刃有余,以免出现以偏概全的现象,是形成设计环节整体构思的关键所在。

设计定位的主要内容包含以下几个方面:

1.设计的功能定位

明确设计项目的主要功能与附属功能。

2.设计的特色定位

设计需要创新,根据分析找出该项目独特的因素,从而确定设计的特色。

3. 设计的人群定位

景观设计中首先应该明确场地针对的是儿童、老人还是中年人或者是兼顾各类人群，其次才是根据各类型人群的行为特征进行设计。

在景观设计中除了上述定位外，可能还会涉及场地的使用时间定位、设计的档次定位、设计的风格定位等，进行景观项目设计时应该根据具体的情况进行分析和定位。

三、设计目标

简而言之，设计目标是设计者对想要达到的成果的一种项目预判。在景观设计中，没有目标相当于在大海中航行而没有方向，没有方向很难到达目标彼岸。只有目标正确，整个设计才可能达到预期的效果。

另外，有了目标才会有行动。在设计中，目标是否科学在很大程度上决定了设计是否科学，如果项目一开始定位就不准确，没有正确判断项目的状况就制定出超出能力范围的目标，其结果当然是项目失败。一个项目除了有一个总的设计目标，还应该在每一个时期或者每一个子项目中设定目标，并在设计过程中逐一将这些目标实现。

第三节　现场规划

在对基地进行了深入的调查、分析之后，如果项目的范围很大，涉及的内容很多，在设计之前还必须对场地进行规划，这样可以让设计者理清头绪和思路。对设计所包含的众多分支采用“各个击破”的设计方式，保证设计的条理性。如果项目的范围很小，内容比较单纯，则此步骤也可以省略。

图 3-5 所示为场地规划图。

图 3-5　场地规划图

一、区位分析

在景观设计中，虽然设计师所要完成设计的场地并不一定很大，但设计师应该对场地周边的环境和场地在城市中的地位进行研究，站在城市发展或区域发展的高度对场地景观设计的基地进行分析。

区位分析主要有以下三个方面的内容。

(1)场地在城市(或区域)中的地理位置。

(2)场地在城市(或区域)中的经济地位、发展趋势。

(3)场地在城市(或区域)中的交通关系、用地关系。

图 3-6 所示为区位分析图。

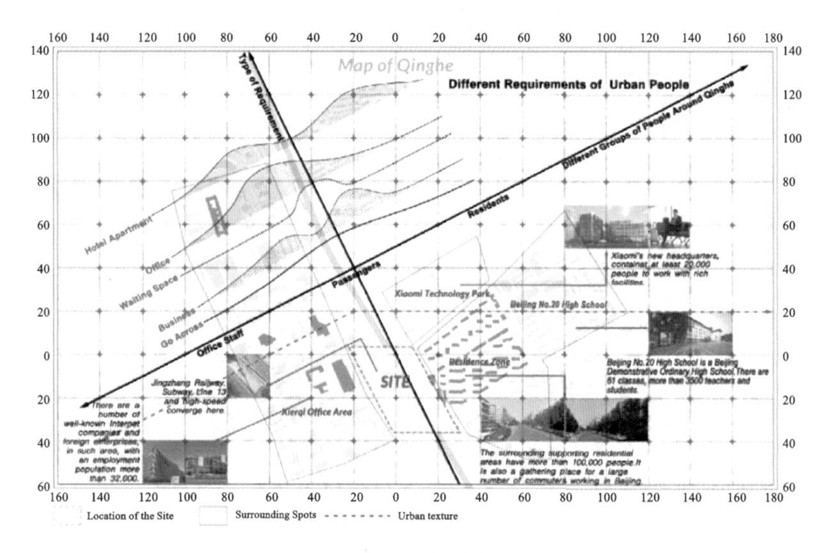

图 3-6　区位分析图

场地的区位分析可以有三个层次：

区位分析的第一个层次是场地同周边的关系，这一层次分析的主要作用是从微观的角度确定场地的景观设计在风格、肌理以及项目策划等方面能够同周边建筑或设施形成一个整体。

区位分析的第二个层次是场地同区域的关系，这个“区域”的概念既可以是一个区域县，也可以是一个市或省(自治区)，主要依据景观设计项目的范围，这一层次是从中观的角度定位项目近 3—5 年的发展以及目前景观规划设计的定位。

区位分析的第三个层次是从市、省(自治区)甚至“都市带”的角度，宏观地分析项目的地理位置、交通位置、区域经济等，对项目未来 5 年及以上的发展做出宏观的推断。

二、用地规划

用地规划是在一定地域范围内，根据国家社会经济可持续发展的要求和自然、经济条件，对土地资源开发、利用、整治、保护所做的总体部署和安排。通过土地利用总体规划，将土地资源在各产业部门之间进行合理配置，统筹安排各类用地规模和布局。以促

进土地资源的充分利用和高效利用。在景观设计中，不同的用地担负着不同的功能，在完成规划面积较大的景观设计时，景观设计师更多是从规划、土地利用的角度去设计景观。

图 3-7 所示为用地规划图。

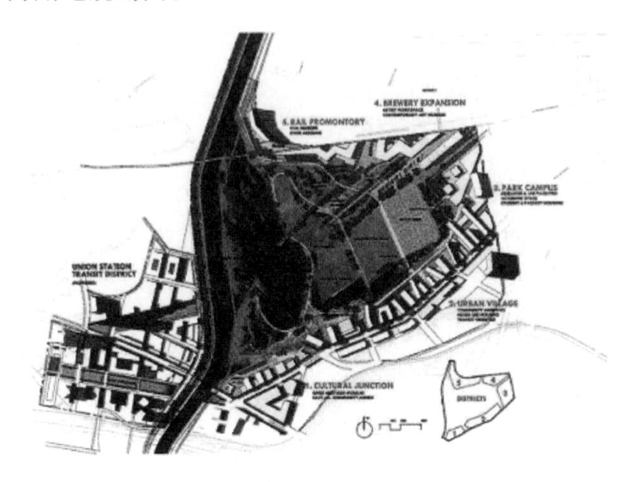

图 3-7 用地规划图

三、景观分区

在现代景观设计中，景观分区是为了更好地体现景观设计理念，所以每做一个项目，都要研究景观的分区问题。比如一个公园可以分为人口广场区、水上活动区、游览区、观赏区、休闲区等。当然，景观分区的标准不同，所得到的分区结果也就不同：根据用地来分区，可以分为居住区、服务区、仓储区、对外交通区、行政区、商业区、文教区等；根据空间属性来分区，可以分为动态区和静态区；根据游憩活动来分区，可以分为步行区、游乐区、观景区、购物区、餐饮区等；根据投资的时间来分区，可以分为第一期、第二期、第三期等。

景观分区中最重要的是功能分区。在设计中，功能有主次之分，比如在步行街的设计中购物可能是主要的功能，那么同时还要考虑建造必要的停车场或临时停车位、金融机构以及餐饮区等。场地中每个区域的功能确定后就需要绘制空间分布与组合图，也就是通常所说的气泡图，把各功能之间的组合关系、功能关系以及人流动线关系等表现出来。

图 3-8 为景观分区图。

四、道路交通规划

道路交通被称为“人与物的运送和流通”，在景观设计中，交通不仅是联系地块与地块之间的纽带，同时对景观经济价值的体现也具有决定性的作用。

(一)道路分类

城市道路分为快速路、主干路、次干路、支路四类。

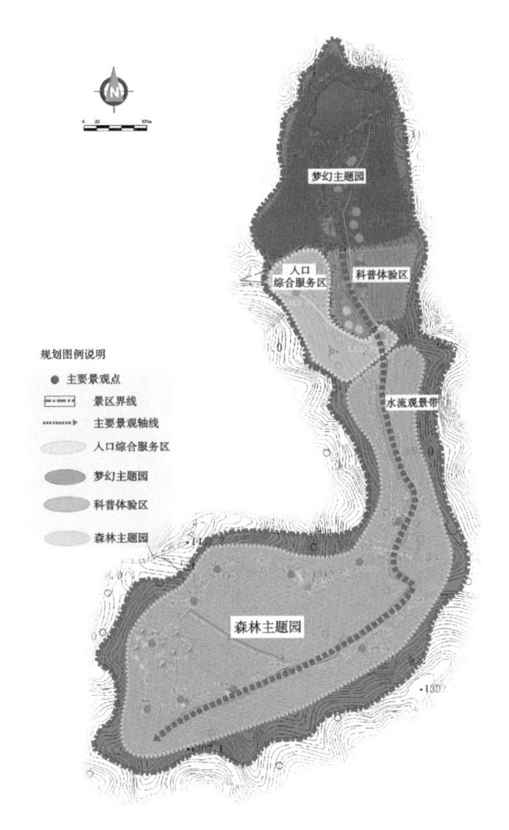

图 3-8 景观分区图(作图:龙渡江)

快速路:设有中央分隔带,具有 4 条以上机动车道,全部或部分采用立体交叉与控制出入,供汽车以较高速度行驶,具有较强的通过性,主要服务于市域范围内长距离的快速交通。

主干路:主干路与快速路共同构成城市主要交通走廊,贯通大部分城区、连接中心城区各部分或郊区重要的道路。

次干路:次干路是城市内部区域间联络干道,起集散交通的作用。

支路:支路应为次干路与街坊路的连接线,解决局部地区交通。

大中城市道路网宽度及密度指标如表 3-1 所示。

表 3-1 大中城市道路网宽度及密度指标

项目	城市规模与人口/万人		快速路	主干路	次干路	支路
道路网密度/(千米/平方千米)	大城市	>200	0.4—0.5	0.8—1.2	1.2—1.4	3—4
		≤200	0.3—0.4	0.8—1.2	1.2—1.4	3—4
	中等城市		——	1.0—1.2	1.0—1.2	3—4
道路宽度/米	大城市	>200	40—50	45—55	40—50	15—30
		≤200	35—40	40—50	30—45	15—20
	中等城市		——	30—45	30—40	15—20

(二)道路系统的主要形式

1. 方格棋盘式

方格棋盘式是常见的一种道路网结构形式,几何图形多为规则的长方形,即每隔一定的距离设置接近平行的干道,在干道之间再布置次要的道路,将用地分割得大小合适。

方格棋盘式道路系统的优点是布局整齐,有利于建筑布置和方向识别;交通组织简便,有利于机动灵活地组织交通。

2. 环形

环形交通道路系统就是以一个中心广场或区域为核心,围绕核心形成一个环状的道路网。

3. 放射形

放射形道路系统是以一个中心为原点,道路呈射线状分布。

4. 不规则型

不规则型道路系统的设计经常受地形或原有道路的制约,往往会出现不规则的形态。

(三)停车场的分布及规模

计算市中心区域公共停车场的停车位数量时,应在高峰日乘以 1.1—1.3 的系数。

机动车每个停车位的存车量以一天周转 3—7 次计算。非机动车每个停车位的存车量以一天周转 5—8 次计算。

按汽车纵轴线与通道的夹角关系划分,停车场车辆停放方式有平行式、斜列式(与通道呈 30°、45°、70°停放)、垂直式三种。

停车位面积应根据车辆类型、停放方式、车辆进出等所需的纵向与横向净距的要求确定,具体数据可参考《城市道路工程设计规范(2016 年版)》。停车场总面积除应满足停车需要外,还应包括绿化及附属设施等所需的面积。

五、绿地系统规划

绿地系统规划作为景观生态的一个重要组成部分,既可以是景观规划设计中的一个部分,也可以作为一个独立的项目。

绿地系统规划不仅是指乔、灌、草合理布局的植被规划,更是包含了技术、体制、行为在内的,存在于结构、功能和过程中,协调景观规划的水体、建筑等的空间形式的绿地系统规划。

绿地系统规划主要考虑的内容有:

(1)整合性。地理、自然以及人文系统在时间和空间上的连续性。

(2)异质性。物种、景观、建筑、文化等系统的多样性。

(3)自然性。充分地利用本土植物、原生态植物,保持生态系统自身的活力。

(4)标示性。绿地系统的规划需要具有典型的视觉辨别特征,不同分区的植物应该进行标示。

绿地系统规划首先应该明确规划的目标，其次是将景观项目中所涉及的绿地进行分类，根据《城市用地分类与规划建设用地标准》，绿地分为公园绿地、防护绿地、广场用地等，在绿地系统规划时，需要将项目中涉及的绿地进行归类，并分类别进行规划。

六、景观视线规划

视觉形象设计是现代景观设计中非常重要的一个组成部分，人们对于景观的感受方式有两种：一是侧重于“景”，体会景观的物理特征，也就是景的色彩、形态、特征给人的直观感受；二是“观”，即个人对“景”的主观感受，相同的景由于个人的知识背景、心情等的不同会让人产生不同感受。因此在景观视线设计时，既要考虑景观的形态、组合方式、疏密关系等，还要考虑人们同景观的互动。

总体来说，景观视线规划的内容包含以下几个方面：

(1)景观的点、线、面的组合方式；

(2)景观的轴线或者主要景观线路的组织方式；

(3)明确景观的图、底关系，确定普遍与特殊的关系；

(4)景和人的互动关系，也就是人们在景观中的行为应该多样化，比如可以驻足观赏、可以在某个地方小憩等。

图 3-9 所示为景观轴线图。

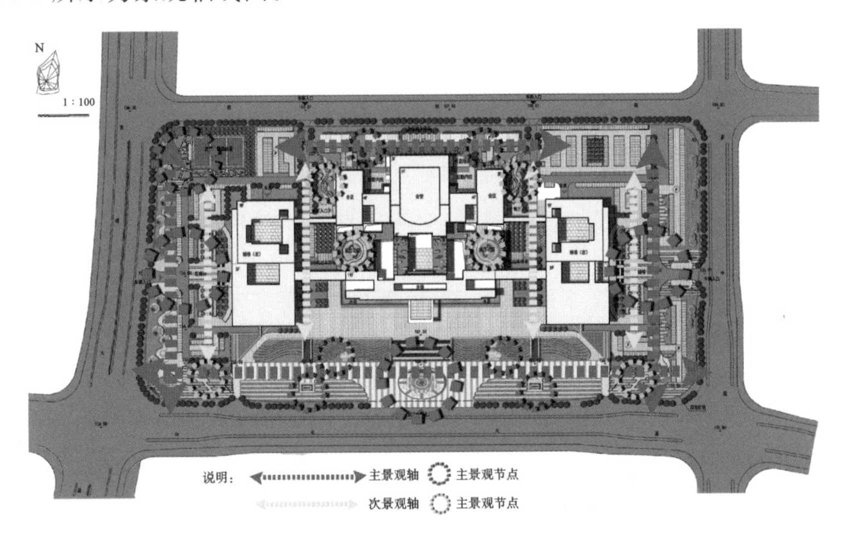

图 3-9　景观轴线图(设计:龙渡江)

七、游憩规划

“游憩”一词来源于拉丁语，意思是恢复更新，含有“休养”和“娱乐”两层意思。游憩还被用作地理学中，在实际应用中，游憩常常意味着一组特别的可观察的土地利用。

根据发生的场所，游憩活动可分为室内空间游憩和室外空间游憩；根据活动的性质，游憩活动可以分为运动性游憩、娱乐性游憩、文化性游憩、自然性游憩等；按年龄的大小，可以将游憩活动分为儿童游憩、青少年游憩、老人游憩；按发生的时间分类，可以将游憩活动分为日常游憩、周末游憩、短期游憩、长期游憩。

作为一个专用术语,"游憩"一词在我国还没有被广泛接受,人们熟悉的是园林设计、公园规划、景观规划以及现在的旅游规划,而游憩规划是对人们休闲娱乐的规划,是以人们的户外活动空间为对象,通过规划提高人们休闲娱乐的质量,同时让整个规划区域的休闲活动系统化,从而优化生活结构,提高景观空间的生活价值。

游憩规划有三个主要类别:

第一个是涉及游憩内容的综合性规划,比如城市总体规划、区域发展规划、城市更新设计等规划中的游憩研究;

第二个是以游憩为主要目标的专项规划,比如户外游憩空间规划、步道系统规划、旅游规划、游憩活动设计等;

第三个是涉及游憩内容的其他专项规划,比如公共空间规划、绿地系统规划、交通发展规划、社区发展规划等。

八、城市家具规划

城市家具指城市中各种户外环境设施,通俗地讲,就是城市景观中的公共"生活道具",它们的功能就像居室中的家具一样,为人们的生活带来便利。

这类城市家具是常用或常见的小尺度物质要素,它们形成景观的环境特质,是景观空间和组织中不可缺少的元素,是体现城市特色与文化内涵的重要部分。

(一)公交站亭

公交站亭一般包括主亭结构、站牌、公共信息牌、休息凳、盲人道等。公交站亭设施应达到防雨、抗震、抗风、防雷、防盗的要求。为满足人们的出行需求,公交站亭应充分考虑搭乘群体的需要,可以充分遮阳避雨,还要设置休息凳和盲人道,以及准确、合理地标示公共信息等。

站亭长度一般有 7 米、12 米、18 米、24 米等尺寸,高度不宜低于 2.5 米,公交站亭顶棚宽度不宜小于 1.5 米(见图 3-10)。

图 3-10 城市公交站亭

(二)垃圾桶

在景观设计中,垃圾桶这些看似无足轻重的设计内容,同样需要进行严密的规划,稍有不慎就有可能给使用者带来不便或者破坏景观的整体效果。因此在垃圾桶的布置上要尽量考虑周到，一般在人流量大的地方，垃圾桶应 2—3 米设置一个；在人流量相对小的地方，可以考虑 500 米设置一个。另外，要注意垃圾桶的色彩、风格和造型的选择一定要与周围的环境协调（见图 3-11）。

（三）休息椅

设计应该以人为本，在景观设计中，休息椅（见图 3-12）的规划设计是体现此原则的重要手段，其规划设计可以从以下几个方面来考虑：

图 3-11　景观垃圾桶

图 3-12　景观休息椅

（1）休息椅的数量、距离和形式应该满足不同类型的休息者的需要；

（2）休息椅的位置要考虑夏天可以遮阴，冬天可以晒太阳；

（3）规划中除固定的休息椅外，还应该考虑花池、眺台等辅助位置。

（四）公共厕所

公共厕所是景观设计中公共建筑的一部分，是为居民和行人提供服务的不可缺少的环境卫生设施。在繁华街道，公共厕所可在 300—500 米设置一个；流动量很大的场所宜在 300 米左右设置一个；一般街道，可在 750—1000 米设置一个。

（五）引导系统

引导系统主要包括标志牌、介绍牌、指示牌、警告牌、管理牌、宣传牌，等等。

在现代景观设计中，人们对引导系统的要求已经不完全是引路或对某项事物做简单的说明，而是越来越关注它的艺术形式及与环境的结合（见图 3-13）。

图 3-13　景观指示牌（摄影：黄碧雪）

第四节　制定初步方案

前期的调查分析和场地规划都只是景观设计的前期准备，接下来的工作也是景观设计中的重要内容，就是对需要设计的场地范围进行景观方案设计。景观方案设计分为方案初步设计、方案扩初设计和施工图阶段设计。

一、方案初步设计

方案初步设计阶段的前期是草图设计，设计师根据现有的信息，用拷贝纸把地形图拷贝下来，在拷贝纸上不断推敲、调整，直到把初步方案确定下来，并且同甲方达成一致。

方案草图设计包含方案的构思、选择与确定以及完成三个部分。综合考虑任务书所要求的内容和基地环境条件，提出一些方案构思和设想，权衡利弊，确定一个好的方案或把几个方案的优点集中到一个方案之中，形成一个综合的方案，最后加以完善成为初步设计方案。

草图阶段就是设计师把理性分析和感性的审美意识转化为具体的设计内容，把个人对设计的理解用图纸的方式表现出来，使之同委托方能够产生共识的过程。初步设计阶段要完成的图纸主要是平面布置图、部分立面图，如果甲方特别要求，还可能需要提供电脑效果图或手绘的速写表现图等(见图 3-14)。

图 3-14　意向方案设计(设计:龙渡江)

二、方案扩初设计

设计师在甲方所认同的初步设计的基础上进一步做扩初设计，利用空间、造型、材料以及色彩表现等手段，形成较为具体的内容，其中有一定表现设计的细节，能明确地表现出技术上的可能性和可行性，以及经济上的合理性、审美形式上的完整性。

方案的扩初除了平面图的细化和深入，还需要设计出大部分的剖面图和立面图，主要为了表示出垂直方向的空间变化，当有很多坡地时，剖面和立面的设计就显得尤为重要，不仅要解决断面的视觉美感问题，还要考虑到施工技术问题。同时，扩初设计阶段不同于初步设计阶段之处是设计深度的增加，除了上述空间、材料、造型等内容的深度增加，还包括了结构、水、电等内容。在这个阶段，设计师要与各种工程师进行协调，共同探讨各种手段的协调，在扩初设计阶段完成后，同样要将文件交予甲方进行磋商，获得认同后再进行下一步——施工图阶段设计(见图 3-15)。

图 3-15 逐渐深入的方案设计(设计:龙渡江)

三、施工图阶段设计

在甲方同意扩初设计基础上，根据对任务书内容的最后认定，设计完成施工图。施工图阶段是将设计与施工连接在一起的环节。根据所设计的方案，结合各工种的要求分别画出具体、准确的能够指导施工的各种图纸，这些图需要清楚地标示出各项设计内容的准确尺寸、位置、形状、材料、施工工艺等。

景观设计施工图主要有环境施工图、植物施工图以及水电施工图三大类。环境施工图主要包括总平面图、分段平面图、分段定位图、大样图、节点图等；植物施工图主要包括乔木施工图和灌木施工图两大类；水电施工图包含施工图说明、主材表、系统图、水电平面图等。

第五节 方案的成果

一、文本

景观设计必须向委托方提供文本或者文本模式的设计说明书，文本以条文的形式

反映建设管理细则，经过批准后成为正式的规划管理文件。说明书是以简明扼要的文字为规划设计方案进行说明，文本的内容一般包括以下几个方面。

（一）项目背景现状及分析

项目背景现状及分析所包含的内容有自然地理环境、历史沿革、社会经济状况、SWOT（优势、劣势、机遇、挑战）分析、规划范围等内容。

（二）规划理念

规范理念指规划设计理念，包含规划设计依据、规划设计原则和方针、规划设计指导思想、规划设计目标等。

（三）规划设计内容

规划设计内容包含功能分区、用地布局、道路系统设计、景观系统设计、绿地系统设计的设计说明等。

（四）专项规划设计

许多大型的景观设计项目还包含很多专项的规划内容，专项规划内容有可能是整体规划设计中需要深入设计的一部分内容。比如在一个风景区的景观设计中，每一个景点的设计就是一个专项规划设计内容。还有就是同景观设计密切相关的专项规划设计，主要有旅游规划设计和游憩规划设计。

（五）分期规划及实施措施和主要经济技术指标

规模较大的景观项目往往都是进行分期规划和实施的，在规划设计的时候应该对每一阶段时间和项目的完成进度有明确的说明；要在文本的最后或适当的位置附上主要的经济技术指标，具体有用地面积、建筑面积、建筑密度、容积率、建筑高度、绿地率等，有的项目还需要做投资预算。

二、图纸

（一）规划设计阶段

规划设计阶段的图纸内容一般包括以下几点。

（1）规划设计地段区位图；

（2）功能分析图；

（3）规划设计总平面图；

（4）道路系统规划设计图；

（5）景观系统规划设计图；

（6）绿地系统设计图；

（7）灯光系统设计图；

（8）竖向规划设计图；

(9)主要断面图；

(10)重点区域的平面大样图、立面图以及剖面图等；

(11)游憩规划设计；

(12)效果图；

(13)综合现状图，包括用地现状、植被现状、建筑物现状、工程管网现状等。

(二)施工图阶段

施工图阶段的图纸包含环境(景观)施工图(土建施工图)、植物施工图和水电施工图。施工图阶段的图纸包含的具体内容如下：

(1)环境(景观)施工图(土建施工图)包含设计说明、总平面图、放线定位图、分段(分区)平面图、施工节点大样图等；

(2)植物施工图包含设计说明、乔木施工图、灌木施工图和植物配置表；

(3)水电施工图包含设计说明、主材表、系统图、大样图、节点图等。

由于项目的大小和委托方的要求以及实际情况，景观设计的设计成果也会有所不同，大型的景观项目可能涉及的成果远不止这些，而小型的景观项目则只会涉及其中的一部分，景观设计的成果除了文本和规划图外，某些项目还应该提供基础资料汇编等。

本章小结

景观设计是一项复杂的工程，需要设计师进行一系列科学规范的操作，包括景观设计分析与调研、树立合适的设计理念以及制定现场规划，之后制定初步方案，方案成果包括文本和图纸两个方面。

1. 景观设计的流程是什么？
2. 景观设计的基本方法有哪些？
3. 景观设计时如何树立设计理念？
4. 现场规划包括哪些内容？
5. 如何制定设计初步方案？
6. 方案的成果包含哪些内容？
7. 方案文本包括哪些内容？
8. 方案图纸包括哪些内容？

第四章
现代景观构成要素

学习目标

1. 了解并掌握现代景观构成要素及其特点；
2. 了解并掌握现代景观构成要素的设计原则。

思维导图

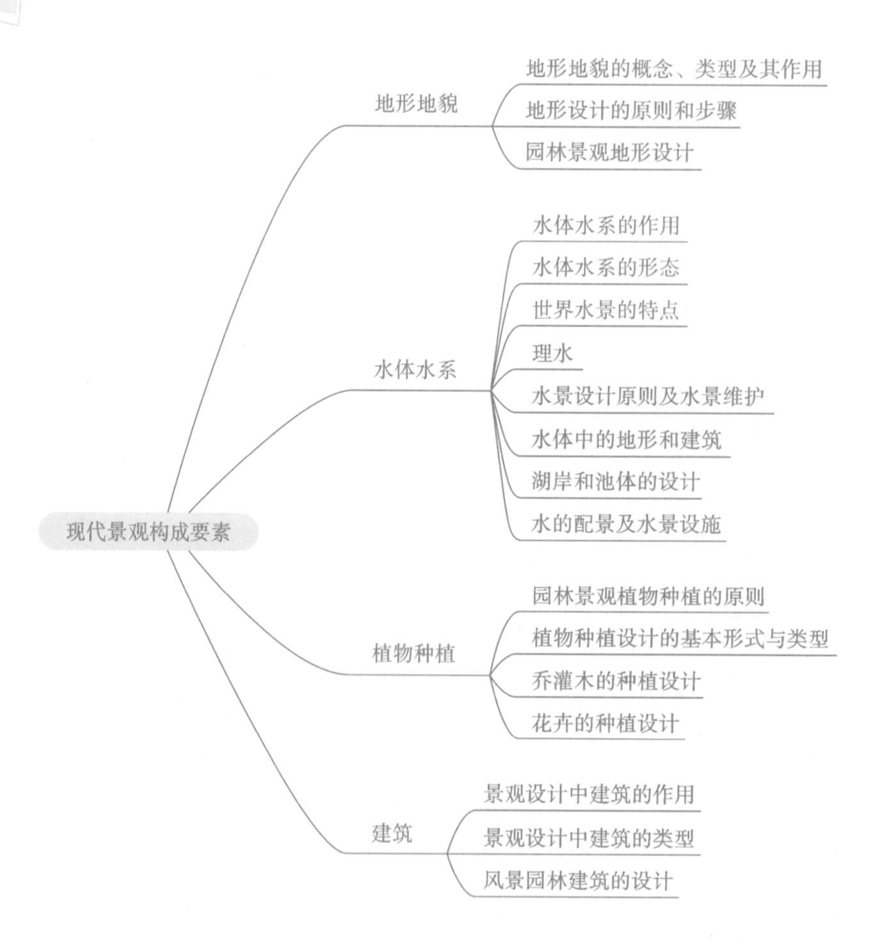

案例引导

红楼梦大观园

上面铜瓦泥鳅脊，那门栏窗，皆是细雕新鲜花样，并无朱粉涂饰，一色水磨群墙，下面白石台矶，凿成西番草花样。左右一望，皆雪白粉墙，下面虎皮石，随势砌去。往前一望，见白石，或如鬼怪，或如猛兽，纵横拱立，上面苔藓成斑，藤萝掩映，其中微露羊肠小径。说着，进入石洞来。只见佳木茏葱，奇花闪灼，一带清流，从花木深处曲折泻于石隙之下。再进数步，渐向北边，平坦宽豁，两边飞楼插空，雕甍绣槛，皆隐于山树杪之间。俯而视之，则清溪泻雪，石磴穿云，白石为栏，环抱池沿，石桥三港，兽面衔吐。桥上有亭。

于是大家进入，只见入门便是曲折游廊，阶下石子漫成甬路。上面小小两三间房舍，一明两暗，里面都是合着地步打就的床几椅案。从里间房内又得一小门，出去则是后院，有大株梨花兼着芭蕉。又有两间小小退步。后院墙下忽开一隙，得泉一派，开沟仅尺许，灌入墙内，绕阶缘屋至前院，盘旋竹下而出。

倏尔青山斜阻。转过山怀中，隐隐露出一带黄泥筑就矮墙，墙头皆用稻茎掩护。有几百株杏花，如喷火蒸霞一般。里面数楹茅屋。外面却是桑，榆，槿，柘，各色树稚新条，随其曲折，编就两溜青篱。篱外山坡之下，有一土井，旁有桔槔辘轳之属。下面分畦列亩，佳蔬菜花，漫然无际。

资料来源 《红楼梦》相关内容。

【问题】 在《红楼梦》中关于大观园的描写里，大观园使用了哪些造园要素？造园有些什么特点？

现代景观构成要素包括丰富的种类，总体来说分为地形地貌、水体体系、植物种植、建筑这几类，它们都是景观设计中的要素。每一种要素在景观设计中都起着不同的作用，有着不同的展示，且每一种要素又相互关联，共同勾勒出一幅绚丽多彩的园林景观画卷。

第一节 地形地貌

一、地形地貌的概念、类型及其作用

（一）地形地貌的概念

在测量学中，地表呈现着的各种起伏状态叫地貌，如山地、丘陵、高原、平原、盆地等；在地面上分布的所有固定物体叫地物，如江河、森林、道路、居民点等。地貌和地物

统称为地形。面是景观设计中所强调的“地形”，实际指测量学中地形的一部分——地貌，我们按照习惯称其为地形地貌，既包括山地、丘陵、平原，也包括河流、湖泊。

地形是其他要素（包括水体）的承载体，就像剧场里的舞台、电影的屏幕一样，所不同的是在很多场合下，它可以成为主角，如山岳、石林、溶洞、沙漠等，它们是和青山绿水截然不同的景色。在景观设计过程中，若忽略了对土地的合理利用，则会造成不必要的损失。譬如一些田野、河道、绿地等天然的自然景观，一旦被不合理地改造，便无法重获原本大自然的天然意趣。但是，若地形基础在刚开始时就恰当选择，后期的修复过程也相对较为容易。比如颐和园虽被英法联军烧毁，重建时国力空虚，慈禧等人的艺术品位又远不及乾隆，但仍然能够取得良好的效果，这正是由于全园的布局很大程度上已为地形限定，亭池林木也有所限制，保证了总体效果的成功。

现今景观设计工作日益复杂，形式也更为多样，设计者在设计时也不能仅从景观上考虑。例如，美国沃辛顿河谷（Worthington Valleys）规划就曾制定过以下原则。

（1）河谷阶地无林处：不做建设，可混栽硬木林；林木高度达 7—8 米时，按有林处考虑。

（2）有林处：坡度大于 25%的不做建设，其余地段只有当可以保持森林面貌的情况下才进行建筑，最大密度为每 12000 平方米一户。

（3）河谷高地：有林时可进行每 4000 平方米一户的建设，无林时可大规模修建开发。

（4）河谷本身：禁止建设。

土地科学利用的关键在于把握好其性质，某些不适合用于最初设想的土地往往在其他用途上有良好的发展潜力。

国外已开始将地质土壤、森林植被、坡度、水文、气候等因素与土地的利用价值建立了等级量化联系，每个因素在设计图上用几种不同的色彩及深浅度来显示，最后以叠加图所示的色彩及深浅决定可利用价值的高低，在计算机上的应用效果会更好。

（二）地形地貌的景观类型

地形地貌在园林中具有形态美（见图 4-1）、韵律美（见图 4-2）、意境美（见图 4-3）以及其产生的界限感和屏障作用（见图 4-4）四个方面的景观效应。

图 4-1　形态美

图 4-2　韵律美（摄影：赵慧蓉）

地势对景观的创造有着直接的关系。景观必须因地制宜，充分发挥原有的地势和植被优势，结合自然、塑造自然。

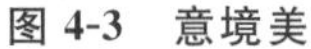

图 4-3 意境美

图 4-4 界限感和屏障作用（设计：龙渡江）

按照地势的不同可把地形地貌的景观分为如下几种类型。

1. 山峰

山峰在自然风景中一直是游人观赏景色的高峰点，体会到山峰绝顶，居高临下，可纵目远眺景色，更能感受到“欲穷千里目，更上一层楼”的博大胸怀，所以山峰的景观要素应以亭、塔这种向上式的建筑为主，加强山势的纵深感，与山势相协调。

山峰景观（见图 4-5）具有的魅力还体现在控制风景线，规范空间，成为人们观赏的视觉中心等方面。景观造型在尺度和动势上与自然景观默契结合，丰富了自然景区中的人文景观，使人、景、园、路的交融更为密切。山峰从远眺的角度来说还能成为城市天际线，成为城市景观的背景。

图 4-5 山峰景观（摄影：王战飞）

2. 山脊

由于山脊（见图 4-6）特有的地势特点，具有良好的地势观景条件，人们可以观赏山脊两面的景色。其群山环抱，云雾缥缈，地势险峻，是能够因势构筑的好景点，因此，这常常是景观设计师所追求的地势环境。

3. 山腰

山腰（见图 4-7）是因地势而创造的景色。山腰在自然风景中规模较大，视野开阔，地理与气候条件都较好，且地势具有丰富的层次感，故山腰地带常是园林景观建筑选用的地址。

图 4-6　山脊景观(摄影:赵慧蓉)

4.峭壁

以“险”“奇”作为设计主题的峭壁建筑形式,给人以险、奇以及玄妙的感受,它们以插入洞穴中的悬梁为基础,木梁、主柱、斜撑相互连接成一个整体,使之稳定整个建筑。建在崖壁上的建筑多采用竖向型的设计,与整个自然地势相呼应,多采用层层叠落的形式语言,以创造高耸挺拔的效果,给人以险、奇的奇特艺术景观,如重庆石宝寨(见图 4-8)等。

图 4-7　山腰景观

图 4-8　重庆石宝寨(摄影:陈张婷)

5.峡谷

峡谷(见图 4-9)的地势以高山夹峙,有山泉流水、繁茂的植物、清新的空气,是追求深邃、寂静的人们向往的宝地,地势的不同形成了各种特有景观,其形式与风格的不同,丰富了景观艺术。

6.落差

落差也是地势变化的一种表现形式。落差形成的层次感极大地丰富了景观设计艺术空间(见图 4-10)。

图 4-9 峡谷景观

图 4-10 落差景观

7. 跌

跌是落差地势形成的层层跌落的表现形式，由于地势的层层下跌，景观也层层下落，多用于面向垂直于等高线的布置形式，具有强烈的节奏感和韵律感，如九龙大峡谷等景观（见图 4-11）。

图 4-11 九龙大峡谷水流跌落景观

(三)地形地貌的作用

在园林绿地建设的范围内,原来的地形往往多种多样,有的平坦,有的起伏,有的是山冈或沼泽,所以无论造屋、铺路、挖池、堆山、排水、开河、栽植树木花卉等都需要利用或改造地形。因此,地形地貌的处理是园林绿地建设的基本工作之一。其在园林中有如下作用:

1.满足园林功能要求

园林中各种活动内容很多,景色也要求丰富多彩。地形应当满足各方面的要求,如游人集中的地方和进行体育活动的场所要求地形平坦,登高远眺的地方要有山岗等高地;要划船、游泳、养鱼、栽藕需要河湖。为了使不同性质的空间彼此不受干扰,可利用地形来分隔。地形起伏,景色就有层次,轮廓线有高低,变化就丰富。此外,还可以利用地形遮蔽不美观的景物,并阻挡狂风、大雪、飞沙等不良气候现象的危害等。

2.改善种植和建筑物条件

利用地形起伏,改善小气候有利于植物生长。地面标高过低或土质不良都不适宜植物生长;地面标高过低,平时地下水位高,暴雨后就容易积水,会影响植物正常生长,如果需种植湿生植物是可以留出部分低地的。建筑物和道路、桥梁、驳岸、护坡等不论在工程上和艺术构图上也都对地形有一定要求。所以要利用和改造地形,创造有利于植物生长和建筑的条件。

3.解决排水问题

园林中可利用地形排除雨水和各种人为造成的污水、淤积水等,使其中的广场、道路及游览地区在雨后短时间内恢复正常交通及使用。地面排水坡度大小应根据地表情况及不同土壤结构的性能来决定。园林景观及其周边的地形和地貌,常常是景观设计师偏爱的自然素材,许多著名城市景观的规划,大都与其所在的地域特征密切结合,通过精心设计,形成城市景观的艺术特色和个性。

自然地理状况,如高原地区、平原地区的景观格局都极大地影响了当地的社会文化及居民的生活方式。因此,在分析地形、地貌时我们应对该地区由于地理环境所形成的地势、落差、地质结构的变化等进行深入的分析,因地制宜。

二、地形设计的原则和步骤

(一)设计原则

园林地形利用和改造应全面贯彻"经济、适用、在可能条件下美观"这一城市建设的总原则。根据园林地形的特殊性,还应贯彻如下设计原则。

1.利用为主,改造为辅

在进行园林地形设计时,常遇到原有地形并不理想的情况。这就应从原地形现状出发,结合园林绿地功能、工程投资和景观要求等条件综合考虑设计方案。这就是在原有基础上坚持"利用为主,改造为辅"的原则。

城市园林绿地与郊区园林绿地对于原有地形的利用,随园林性质、功能要求以及面积大小等有很大差异。如天然风景区、森林公园、植物园、体疗养区等，要求在很大程度上利用原地形；公园、花园、小游园、动物园等除了利用原地形外，还必须改造原地形；而体育公园对原来的自然地形利用较困难，中国传统的自然山水园则可以较多地利用自然地形。

2. 因地制宜，顺其自然

我国造园传统，以因地制宜利用地形著称。造园应因地制宜，各有特点，“自成天然之趣，不烦人事之工”。古代深山寺院庵观建筑群，很巧妙地利用了山坡、峰顶、山麓富有变化的地形。近代南方园林，利用沟壑山坡、依山傍水高低错落地布置园林建筑，使人工建筑与自然地形紧密联系，成为一个整体。这些都是因地制宜成功利用地形的优秀实例。

因地制宜利用地形，要就低挖池，就高堆山。面积较小时，挖池堆山不要占用较多的地面，否则游人活动的空间就会太小。

此外，园林绿地内外地形有整体的连续性，并不是孤立存在的，因此地形改造要与周围环境相协调，如闹市高层建筑区不宜堆较高土山。周围环境封闭，整体空间小，地形起伏不宜过大。周围环境规则严整，地形以平坦为主。

3. 节约原则

改造地形在我国现有技术条件下是造园经费开支较大的项目。尤其是大规模的挖湖堆山所用人力物力较大，土方工程不可轻易动，必须根据需要，全面分析，多做方案，仔细比较，使土方工程量为最小值。

充分利用原有地形要考虑节约的原则。要尽量保持原有地面的种植表土，为植物生长创造良好条件。要尽可能地就地取材，充分利用原地的山石、土方，堆山、挖湖要根据实际情况进行，要使土方平衡，缩短运输距离，节省经费。

4. 符合自然规律与艺术要求

符合自然规律，如考虑土壤的物理特性、山的高度与土坡倾斜面的关系、水岸坡度是否合理稳定等，不能只求艺术效果，不顾客观实际可能，要使工程既合理又稳定，以免发生崩坍现象等。同时要使园林的地形地貌合乎自然山水规律，但又不能过于追求形式，卖弄技巧，要使园中的峰壑峡谷、平岗小阜、飞瀑涌泉和湖池溪流等山水诸景达到“虽由人作，宛自天开”的境界。

（二）地形设计的表示方法

1. 设计等高线法

用设计等高线法进行设计时，通常要用到两个公式：其一是用插入法求两条相邻等高线之间任意点的高程的公式；其二是坡度公式，如下

$$i = h/l$$

式中：i ——坡度，单位为%；

h ——高度，单位为米；

l ——水平间距，单位为米。

设计等高线法在设计中可以用于表示坡度的陡缓（通过等高线的疏密）等。

2.方格网法

根据地形变化程度与要求的地形精度确定图中网格的方格尺寸，然后进行网格角点的标高计算，并用插入法求得整数高程值，连接同名等高线点，即制成方格网等高线地形图。

3.透明法

为了使地形图突出和简洁，重点表达建筑地物，避免被树木覆盖而造成喧宾夺主，可将图上树木简化成用树冠外缘轮廓线表示，中央用小圆圈标出树干位置即可。这样在图面上可透过树冠浓荫将建筑、水面、山石等地物表现得一清二楚，可以进一步满足图纸设计要求。

4.避让法

避让法即将地形图上遮住地物的树冠等避让开，以便清晰完整地表达地物等。缺点是树冠为避让而失去其完整性，不及透明法表现得剔透完整。

地形设计还有立面图和剖面图法、轮廓线法、轴侧斜投影法等。

(三)地形设计的步骤

1.准备工作

(1)准备园林用地及附近的地形图。地形设计的质量在很大程度上取决于地形图的正确性。一般城市的市区与郊区都有测量图，若图纸绘制时间距离现在较远，图纸与现状出入较大，需要补测，要使图纸和原地形完全一致，并要核实现有地物。注意那些要加以保留和利用的地形、水体、建筑、文物、古迹、植物等，以供进行地形设计时参考。

(2)收集城市市政建设各部门的道路、排水、地上地下管线及与附近主要建筑的关系等资料，以便合理解决地形设计与市政建设其他设施之间可能存在的矛盾。

(3)收集园林用地及其附近的水文、地质、土壤、气象等的现况和历史有关资料。

(4)了解当地施工力量，主要包括人力、物力和机械化程度等。

(5)现场踏勘。根据设计任务书中提出的对地形的要求，在掌握上述资料的基础上，设计人员要亲赴现场踏勘，对资料中的遗漏之处加以补充。

2.设计阶段

地形改造是园林总体规划的组成部分，要与总体规划同时进行，主要完成以下几项工作：

(1)施工地区等高线设计图(或用标高点进行设计)。图纸平面比例采用1∶200—1∶500，设计等高线高差为0.25—1米。图纸上要求表明各项工程平面位置的详细标高，如建筑物、绿地的角点，园路、广场转折点等，并要标明该地区的排水方向。

(2)土方工程施工图。要注明进行土方施工各点的原地形标高与设计标高，做出填方、挖方与土方调配表。

(3)园路、广场、堆山挖湖等土方施工项目的施工断面图。

(4)土方量估算表。可用求体积公式估算，或用方格网法估算。

(5)编制工程预算表。

(6)撰写说明书。

三、园林景观地形设计

(一)竖向变化的意义

1.改变立面形象

绿地与城市在选地标准上略有差别。最适于城市发展的大面积平地景色单调，缺乏尺度感，人工建筑物的出现对于改善上述情况有着很大的作用，园林环境应与之配合形成建筑空间与绿化空间、建筑构筑与绿化材料的有利组合，增加趣味点。园林在平地上应力求多变，通过适度的填挖形成微地形起伏，使空间富有立体感，从而达到吸引注意力的目的，阶梯、台地也能起到同样的作用，这些在较大的室内空间里已得到广泛的应用。高台地下都会设亭榭，否则整体上的自然气氛会受到影响。跌水景墙、高低错落的花台在有条件的情况下可配合植物加以运用。尤其在入口处高差的变化有助于产生界限感，栅栏、街灯，甚至附近的高架桥都可被用来界定空间。平地造园还应注意烘托周围的环境，如利用水面倒影再现建筑、植物、蓝天、白云等。

2.合理利用光照

在光照的作用下，景观产生光影效果，因而会在视觉上让人对不同光线产生不同感受，正光下的景物缺乏变化，较为平淡，早晨的侧光会产生明显的立体感。据调查，由于植物一夜的呼吸作用，早晨其周围的 CO_2 含量增加，空气并不如想象得那么清新，但建筑、树木仍可给遛早的人们留下鲜明的印象。海边光线柔和，景物“软化”，有迷茫的仙山意境。内陆低角度光可使远物清晰易辨，富于雕塑感。如果光的方向改变为由下向上照射，则会产生戏剧的效果，夜晚中有建筑、雕塑等重点地段可借灯光效果吸引人流。山洞的采光孔如设在景观下部常常给人以神秘甚至阴森恐怖的感觉，对其合理利用将会使人们体会到不同寻常的雄伟与神奇。

3.创造心理气氛

在通常情况下，地形的朝向、坡度会对附着于其上的要素产生直接的影响。中国园林以山水园为风格代表，这里山(地形)的重要性已不仅表现在直观视觉方面，还加入了人的感情因素。《韩诗外传》曾说:“夫山者，万民之所瞻仰也，草木生焉，万物植焉，飞鸟集焉，走兽休焉，四方益取与焉，出云道风……”我国是一个多山的国家，原始先民均生活在洞穴之中，居住、狩猎等都是依山傍水。山承担着阳光雨露，风暴雷霆，供草木鸟兽生长，使人以之为生而不私有。故论语有“仁者乐山”之说，将山比作仁德的化身。

在人类社会初期，人类的认知程度有限，将许多自然现象归结于神鬼一说，因而对山也怀有崇敬。例如，昆仑山被认为是天帝在地上的都城，是地上统治者(周穆王)和仙人(西王母)宴聚之所。泰山坐落于文化较为发达的齐鲁腹地，被认为是天地之间沟通的场所。秦始皇统一中国之后便到泰山封禅，并规定了天下十二名山，尽管后世对泰山由崇拜转为欣赏，但它的雄浑气势和质朴清秀一直是造园家所追求的。一直到现在，我们还能在许多景观设计中看到挖湖堆山的设计，这些都深刻地表明了自然环境在景观设计中有着非常重要的作用。

现在的公园已经与封建社会的园林在性质上有着很大的区别，封建社会里园林基本为王公贵族的私家园林，而现在的许多园林都是具有开放性的。尽管如此，人们对自

然气氛的憧憬和追求仍一如既往,没有改变。为了和山林泉水等自然景物相协调,应打破城市里众多园林用地上的规整感觉,在重点地段强化高下对比,其他大部分地区也要尽可能做微地形处理。除某些庄严整齐、人工气氛浓烈的建筑,广场周围可以不做或少做起伏变化外,绝大多数绿化环境中要避免给人以平板一块的印象。这不仅是美观上的要求,同时在工程上也有重要意义。

当平地上的坡度小于1%时,容易发生积水,对绿地植物有损害。当平地坡度无变化时,又会引起水土冲刷。新建园林中很多绿地采用"龟背形",即中间高四面低的形式,将水排至四周道路,通过路面排水进入附近水体或雨水管线之中,这虽在立面上有了变化,但处处如此也会令游人感到单调。

上海天山公园大草坪避免了这种"一处高"的做法,略呈贝壳状,中间低四周高,西侧又做了一个起伏小丘,使得5000平方米的空旷草坪并不会给人以单调枯燥之感。草坪北端和池塘连接处并未用石块砌筑驳岸,而是继续以缓坡和水面相接,水中设置步石,增添了几番情趣;道路也不用栏杆、路牙分界,以免造成草坪被"人工禁锢"的印象。这块草坪的地形就如电影院中座位的高低排,事实上也常作为露天影院使用,既满足了视觉功能上的要求,又没有对自然环境产生副作用,是一个比较成功的实例。

4.合理安排视线

杭州花港观鱼公园东北面的柳林草坪也是经过细心养护而成。它位于园中主干道和西湖之间,南有茂密的树林,东西有分散的树丛,13株柳树位于北面靠湖一侧,形成了2800平方米的独立空间。湖北面视野开阔,左有刘庄建筑群,右边隔着苏堤,隐约可见湖心的"三潭印月"。北面保俶塔立于重山之上,秋季红叶如火欲燃,夏日清风贴水徐来,所有这些景色不是以我们通常习惯的画轴式的古典园林序列从左到右呈现出来,而是和剧场里大幕上启时由下而上地展示布景有些相似。差别仅在于剧场里观众静止,幕布上升,而园林中人在运动,景物静止。柳林草坪北低南高,向湖岸倾斜,柳林先掩后露,相互配合,收到了良好效果。草坪面积越大,坡向的变化越灵活。

5.改善游人观感

在大多数公园和花园里,草坪所代表的平地绿化空间所占面积最大,时刻对园林环境产生着影响,但如果过分追求坡度变化而大动土方是不具良好经济性的。

坡面长的时候,1%的坡度已能够使人感觉到地面的倾斜,同时也可以满足排水的要求(铺装地面的排水坡度为0.5%)。如坡度为2%—3%,会给人以较为明显的印象。若原地形平整而全凭施工才能造成地形变化,设计坡度便可将其作为参照标准以兼顾美观、经济两个方面,这也是常说的微地形处理。4%—7%的坡度是草坪中很常见的。南昌人民公园中部的松树草坪就是在高起的四周种植松树来打造幽深的意境。

城市中除公园外(如街道绿地、居住区绿地),地形处理还不够普遍。住宅组群中建筑"千人一面",有时小孩会迷失方向。很多人要求种植"认门树",事实上如果地形、植物等各具特色,共同组成一个丰富多彩的外部空间,解决的绝不仅是以上一个问题。

坡度在8%—12%时称为缓坡,陡坡的坡度大于12%,一般是山体即将出现的征兆。无论哪种类型的坡地都会对游人活动产生某些限制,各种工程设施也不像在平地上可以随意布置而要同等高线相关联。在坡度超过40%时常常需要设置挡土墙以免发生坍塌。通常土坡坡度不大于20%,草坪坡度也应控制在25%以内。坡地虽给人们的活动带来一些不便，但若加以改造利用，往往会使地形富于变化，这种变化可以使运动节奏发生改变，可以形成屏障，遮住无关景物，还可以对人的视线做出调整。人在起伏的坡地上高起的任何一处都能更方便地观赏坡底和对坡的景物。因坡底是两坡间视线最为集中的地方，所以适于布置一些活动者希望引起注意的内容，如旱冰、滑冰、健美操，或者作为儿童游戏场地，这样易于家长看护。

（二）较大地形起伏的安排

1. 平地

平地通常在公园中较为常见，一是为了游人更好地游憩、散步，另外也是一项必要的设置，在出现突发情况时可作为疏散群众的场地。

园林中的平地大致有草地、集散广场、交通广场、建筑用地等。

在有山有水的公园中，平地可视为山体和水面之间的过渡地带，一般的做法是平地以渐变的坡度和山体山麓连接，而临水的一面则以较缓的坡度使平地徐徐伸入水中，以造成一种“冲积平原”的景观。这样的背山面水的平地不仅可作为集体活动和演出的场所，亦是观景的好地方。在山多且平地较少的公园，可在坡度不太陡的地段修筑土墙，削高填低，改造出一定的平地。

平地为了排除地面水，要求具有一定坡度，一般要求 5‰—5%（建筑用地基础部分除外）。为了防止水土冲刷，应注意避免同一坡度的坡面延续过长，而应该有起有伏。裸露地面要铺种草皮或地被植物。

地面可作为文体活动的场所，但在城市园林绿地中应力求减少裸露的土地面，尽量做到“黄土不露天”。

沙石地面有天然的岩石、卵石和沙砾，视其情况可用作活动场地或风景游憩地。

铺装地面有道路和广场两种，广场可作为游人交通集散、休息赏景和文体活动的场地。可用砖、片石、水泥、预制混凝土块等规则铺装，也可以结合自然环境做成不规则的形式。

绿化种植地面包括草坪或在地中植以树木、花卉、花境或营造树林、树丛，以供游人游憩观赏。

2. 山地

平地和坡地之上是山地。园林中理想的情况是平地占陆地面积的 1/2—2/3，剩下的便是山地、丘陵。尽管山地在整个园林中所占面积不大，却是全园的精华所在。现在人们对山的兴趣也由崇拜转为更细微的欣赏。多级谷坡的复式 V 形谷，常给人以雄伟的感觉，北京十渡风景区便是这样的结构；“剑门天下险”则以窄而深的峭壁相峙，使人有“难于上青天”之感，北京龙门涧与之相似；“青城天下幽”位处山间盆地，视野封而不死，内部不会感到局促，植被茂密，适宜探访寻幽；“峨眉天下秀”主要因植被而驰名。

山与山各具特色，给人的感受也不尽相同，从名称上便可略见端倪。

（1）高起地形。

岭：连续不断的群山。

峰：高而尖的山头。有“横看成岭侧成峰”之说。

峦：小而尖（一说“高而缓”）的山。

顶:高而平的山。

阜:起伏小、坡度缓的小山。

坨:多指小山丘。见王维所记“南坨”“北坨”。

坡:土坡。常称低丘陵坡为“平岗小坂”。

岗:山脊。

峭壁:山体直立,陡如墙壁。

悬崖:山顶部分突出于山脚之外,较峭壁更为险峻。

(2)低矮地形。

峡:两座高山相夹的中间部分。可以是水面,也可以是陆地,给人以深远、险峻的感觉。

峪(谷):两山之间的低处。

壑:比峡谷更宽、更深的低地(见图 4-12)。

坝:两旁高地围起的很广阔的平缓凹地,西南地区较多。

坞:四周高中间低形成的小面积洼地。

图 4-12　壑

(3)凹入地形。

岫:不通的浅穴,位于山岩边或水边。

洞:较岫更深,有上下曲折,可贯通山腹。

山的各种形态必将带给人不同的感受。同为突起地形,华山近千米的石壁直立而下,“百尺峡”“擦耳崖”,仅从名字就可知其险。泰山岱顶则以其稳固的体量震慑齐鲁大地。巍峨的南天门上,道路水平延伸,大的建筑物建在低处,云海在人们脚下翻腾,山上气氛相对缓和,仍佛到了“天上人间”的仙境。极顶处的玉皇殿高度也受到限制,以免破坏整体意境。而后来修建了高大的电视塔,使这种意境受到了破坏。但在低山上为加强地貌,弥补山势不足的缺陷,可以用高大的建筑或树木来突出和强调,如北京玉泉山和延安宝塔山属山前丘陵,琼华岛、虎丘、景山属平原孤丘,杭州保俶塔位于山之余脉上,都只能靠大体量建筑烘托气氛,引人驻足。即使同为山峰,雁荡山、桂林各峰因尺度较小,在人印象中却是秀丽多于惊险。

Note

低地常给人以幽静之感，因为谷地窄小，两旁的山峰产生了隔绝干扰的心理感觉。长久的冲刷沉积也使土壤变得肥沃，为植物生长提供了保证。茂密的植物加强了空间的封闭性，又可吸收噪声，使周围安静，左边的小山谷会有很强烈的封闭感。

地形越复杂，山梁越多，给人的感受越丰富。“扁担山”“馒头山”就是因缺乏变化，有起无伏而显得单调。坞因四面（谷是两面）高起，可形成比幽景更为封闭的凹景。和谷一样，坞常常有较好的植被条件，园林中桃花坞、杏花坞屡见不鲜，由于与外界较为隔绝，常成为人们内省参悟的绝佳场所。北海静心斋的焙茶坞和衡山方广寺皆有此意味。洞穴多以神奇幽深闻名。岫岩中水石相激发出的声音会给人以听觉上的感染。古有“移石动云根”之说，晋朝的陶渊明也曾道“云无心以出岫”，认为云是由石洞中产生的，赋予了石洞、石岫以轻灵、高雅的含义。在改造和利用地形的过程中必须注意到它们各自的情调才能分别予以适当的利用和安排。

（三）堆山

我国的园林是以风景为骨干的山水园而著称，“山水园”当然不只是山和水，还有树木花草、亭榭楼阁等题材构成的环境，但是山和水是骨干或者说是这个环境的基础。有了山就有了高低起伏的地势，能调节观赏者的视点，组织空间，制造仰视、平视、俯视的景观，能丰富园林的建筑条件和植物栽种条件，并增加游人的活动面积，丰富园林艺术内容。

堆山（见图 4-13）应以原来地形为依据，因势而堆叠，就低开池得土可构冈阜，但应按照园林功能要求与艺术布局适当运用，不能随便乱堆。堆山可以是独山，也可以是群山，一山有一山之形，群山有群山之势，连接重复的就称作群山。堆山忌成排或呈笔架状。苏轼描写庐山“横看成岭侧成峰，远近高低各不同，不识庐山真面目，只缘身在此山中”，就形象地描绘了自然界山峰的主体变化。

图 4-13 堆山

在设计独山或群山时应注意，凡是东西延长的山，要将山体较突出的一面向阳，以利于栽植树木和安排主景。堆土山最忌堆成坟包状，不仅造型呆板而且没有分水线和汇水线，以致造成地面降水汇流而下，大量土方被冲刷。

1. 山

园林中一般不堆较高又广的山，只有在大面积园林中因特殊功能要求，并有土石来

图 4-14　土石相间的堆山

源的才会堆，它常成为整个园林构图的中心和主要景物，如上海长风公园的铁臂山，作为登高远眺之用，这种山用土堆成土山带石（约 30%石方），即土石相间（见图 4-14），以土为主。又高又大的山全部用石工程浩大，且全部用石会草木不生，未免荒凉孤寂，全部用土又过于平淡单调，所以堆大山，总是土石相间，在适当的地方堆些岩石，以增添山势的气魄和野趣，山麓、山腰、山顶要根据自然山景的规律做不同处理，如在山前不适合做成矗立的山峰，而宜布置成一些像自然山石崩落沿坡滚下经土掩埋和冲刷的样子，因此在堆的手法上必须“深埋浅露”才能显出厚重有根。

2. 丘陵或小山

在公园中，土丘的土方量不太大，但对改变公园面貌作用显著，因此在公园中广泛应用。丘陵可作土山的余脉、主峰的配景，也可作平地的外缘，是景色的转折点。土丘可起到障景、隔景的作用，也可防止游人穿行绿地。

土丘的设计要求蜿蜒起伏、有断有续，立面高低错落，平面曲折多变，避免单调和千篇一律。在设计丘陵地形的园路时，切忌将园路标高固定在同一高程上，而应该随地形的起伏而起伏，使园路融合在整个变化的地形之中，但也不需要道路标高完全与地形同上同下，可略有升高或降低，以保持山形的完整。

堆叠小山不宜全用土，因土易崩塌，不可能叠成峻峭之势，而且会成为馒头山。若完全用石，则不易堆叠，其效果可能更差。

小山的堆叠方法有两种：一是外石内土的堆叠方法，既有陡峭之势，又能防止冲刷，保持稳定，这样的山形虽小，还是可取势以布山形，创造峭壁悬崖洞穴涧壑，富有山林诗意；另一种是用土山带石的方法来点缀小山，是把小山作为大山的余脉，没有奇峰峭壁，不以玲珑取胜，只就土山之势，点缀一些体形浑厚的石头，疏密相间，安顿有致。这种方式较为经济大方，但在现代园林中应用较少。

（四）置石（叠石）

1. 置石的作用

有一种地形设计叫叠山置石（见图 4-15），东方园林在这方面有独到之处。西方园林中也有岩石园，但主要是为展示植物（重点是花卉）的绚丽多姿而设立的。日本园林极富抽象特性，以置石——山石的零星布置为主要手法摹写宇宙万物唤起人们的无尽遐想。梦窗国师曾说：山水无得失，得失在人心；诸法本无大小相，大小在人情……景物只是唤醒心灵的工具，无生命的静止美格外受重视。在中国园林的重要代表私家园林中，有生命的植物也多以孤植作为点缀。

山是否高，水是否深，在于山水能否在人们心目中得到认可，而非本身体量是否巨大。

图 4-15　叠山(摄影:李艳)

日本园林中置石(见图 4-16)体量大者不过几十厘米,但设计师在群体控制上有一定的经验。《作庭记》认为大石应有向前行走的气势,小石应有随大石行走的气势。直立的石头、顶面平坦的石头、低矮的石头都被认为是弱石,这些石头的石面常被要求让人产生联系,使全园风格统一。在远处设置弱而静的山石,在近处设置气势强的山石,这样会让庭院增加深远感;不能有三块以上的石头排在一条直线上。这些理论和中国造园法则大多不谋而合,但中国园林里的假山无论是在技术手段还是选型处理上都要更为复杂。

图 4-16　日本庭院叠石

2. 置石的选择

我国山多石盛,仅宋朝就记有观赏石 110 多种。它们不同的观赏特性使对其的使用手法也极为丰富,其中应用较多、出现时间较长的如太湖石、宣石、英石、岘山石、房山石、青龙山石、宜兴石、黄石、青石、木化石、珊瑚石,以及汉白玉、石笋等。

石有其天然轮廓造型,质地粗实而纯净,是园林建筑与自然环境空间联系的一种美好的中间介质。因此,叠石早已成为我国异常可贵的园林传统艺术手法,有"无固不石"之说。叠石不同于建筑、种植等其他工程,在自然式园林中所用山石没有统一的规格与造型,设计图上只能绘出平面位置和空间轮廓,设计必须与施工密切联系或到现场配合施工,才能达到设计意图。设计或施工应先观察掌握山石的特性,根据不同的地点和不同的石类来叠石,我国置石选石注重以下六要素。

(1)质。

山石质地因种类不同而不同,有的坚硬,有的疏松,如将不同质地的山石混合叠置,不但外形杂乱,且因质地结构不同所承重要求也不同,质坚硬的承面大,质脆的易松碎。

(2)色。

石有许多颜色,常见的有青、白、黄、灰、红、黑等,叠石必须要使用石色调统一,并与周围环境协调。

(3)纹。

叠石时要注意石与石的纹理是否通顺,脉络是否相连,石表的纹理为评价山石美的主要依据。

(4)面。

石有阴阳面,应充分利用其美的一面。

(5)体。

山石形态、体积很重要,应考虑山石的体型大小,虚实轻重合理配置。

(6)姿。

常用“苍劲”“古朴”“秀丽”“玲珑”“浑厚”等词语描述各种石姿,要根据不同环境和艺术要求来选用。

3.置石的手法

景观园林中,不是为置石而置石,由于古人出行不便才会产生“一拳代山”的念头,从而在厅堂院落中立以石峰了却心愿。现在很多单位的花园中空间开阔,周围现代建筑体量庞大,或是园址就在山旁仍不惜求重金建起如同盆景般的假山,造成了极大浪费。这都说明只有在人的视点低于山石且视距比不大于3的情况下,山石才可能成为人的视觉重点。当受场地条件所限,石峰高度难以满足要求时,可以将石的台阶升高。四周应较封闭,以免别处高大景物将山石压低,或者游人在远处即可以小的视角窥见石峰,而先产生平淡印象。

孤置石的背景如果杂乱或不能成一个整面(如花墙、花栏),就不会取得突出效果。碧绿的树丛、阴暗的房屋常被用作背景,苏州留园冠云峰(见图4-17)就是以冠云楼为背景(据说园中冠云、岫云、瑞云三座名石取的是园主三个女儿的名字。之所以尽数移入园内,是能产生有和女儿终日相伴的感觉。后小女早亡,园主便命人凿下瑞云峰顶端之石,骨肉亲情尽在不言中),用石有一定的喻义。中国古建筑因有台基需设台阶,台阶两旁为突出入口常均衡地布置一组山石,其中高者为蹲,下者为配。其用意在于驱鬼镇邪,如同富人门口的石狮子,市民檐下的石鼓所起的作用。

图4-17 留园冠云峰

利用山石与自然可以很好融合的特性，可减少造园中人工的痕迹。如墙角是两个人工面相交的地方，易显呆板，通过抱角、镶隅的遮挡不仅可以使墙面生动，也可将山石较难看的两面加以屏蔽。建筑台阶可以用山石如意踏跺（又名涩浪）来代替，避暑山庄正宫区大殿背面就是如此处理，显示出和大殿前不同的、更为自然的气氛。园区另一建筑“云山胜地”采用山石云梯直达二层，形式更为活泼（云梯一般接在靠端头的开间或者山墙上，以免破坏正立面效果）。因云梯体量大，难免四面当中有不尽如人意的地方，扬州寄啸山庄和苏州留园明瑟楼中都有将云梯倚于墙面上的例子。从这里可以看出对石的观赏角度不能掉以轻心。

当置石的立面不美观时，可用树丛、墙壁或其他山石加以掩盖。以湖石为例，可见的面要满足“瘦、漏、透、皱、丑”等条件。“瘦”是指挺拔秀丽而不臃肿；“漏”是指石上有上下贯通的洞穴；“透”是指水平方向的孔洞；“皱”是指石面上要有皱纹涡眼；“丑”是指石态宜怪而不可流于常形。具备以上条件的湖石，会给人以通透、圆润、柔曲、轻巧的感觉。

江南三大名石的玉玲珑、瑞云峰、皱云峰各具特色，不愧为特置用石中之佳品。玉玲珑以透著名，瑞云峰状若祥云，以多变化的凹凸线型引人赞叹，皱云峰以瘦、皱称胜。石峰除供孤赏外，还可和其他要素进行搭配组景。

苏州怡园坡仙琴馆立有山石（见图 4-18），仿佛正在侧身听琴，故此建筑又名石听琴室。西安有园置石于檐下，每逢雨天，石上有很多白色突起在房檐汇集的雨水冲刷之下，好像不是水在向下流动，而是许多小白鼠正向上奔跑，打破了格式化的孤赏规律，具有独特的观赏价值。

图 4-18　坡仙琴馆的置石

除特置外，置石还有散置和群置等形式，清龚贤曾道：“石必一丛数块，大石间小石，然须联络。面宜一向，即不一向，亦宜大小顾盼。”（《画诀》）。群置要求“攒三聚五”，互相保持联系。如北海琼华岛南坡，在较大空间里能和环境相配。既有利于排水又加强了坡度。在大型园林里为使大体量的自然地形富于险峻感，也常常设置大石，以使土山在坡度超过自然倾斜角（也叫安息角，指散料在堆放时能够保持自然稳定状态的最大角度）时仍可保持稳定。只有在充分吸取前人经验的前提下，才能做到“蹊径盘且长，峰峦秀而古”（《园冶・掇山》）。

4.理石的方式

我国园林中,常利用岩石构成园林景物,这种方式称理石。归纳起来,理石可分三类。

1)点石成景

点石成景有单点、聚点和散点。

(1)单点。

由于石块本身姿态突出,或玲珑或奇特(所谓的“透”“漏”“瘦”“皱”“丑”),立之可观,就特意摆在一定的地点作为局部小景或局部的构图中心来处理,这种方式叫单点(见图4-19)。单点主要摆在正对大门的广场上和院落中,如豫园的玉玲珑。亦有布置在园门入口或路旁,山石伫立,点头引路,起点景和导游作用。

(2)聚点。

有时在一定情况下,几块石会成组摆列一起,作为一个群体来表现,称之为聚点。(见图4-20)聚点一般排列成行或对称,主要表现气势,体现一个“活”字,它要求石块大小不等,疏密相间、错落有致、左右呼应、高低不一。聚点的运用范围很广,如在建筑物的角隅部分常用聚点石块来配饰,叫“抱角”,在山的蹬道旁将不同的石块成组相对而立,叫“蹲配”。

图4-19 单点(摄影:龙渡江)

图4-20 聚点(摄影:龙渡江)

(3)散点。

散点并非零乱散点,而是若断若续,连贯而成一个整体的表现,也就是说散点的石要相互联系、呼应,并成为一个群体。散点的运用也很广,在山脚、山坡、山头、池畔、溪涧、河流、林下、路旁都可布置散点,从而得到意趣(见图4-21)。散点无定式,随势随形。

2)整体构景

整体构景是用多块岩石堆叠成一座立体结构的形体。此种形体常用作局部构图中心或用在屋旁、道边、池畔、墙下、坡上、山顶、树下等适合的地方,用来构景,塑造一定的形象,在技法上要恰到好处,不露斧琢之痕,不显人工之迹。堆叠整体山石时,应做到“二宜”“四不可”“六忌”。

(1)“二宜”。

造型宜有朴素自然之趣,不矫揉造作,不卖弄技巧;手法宜简洁,不要过于烦琐。

图 4-21 散点理石

(2)“四不可”。

石不可杂、纹不可乱、块不可匀、缝不可多。

(3)“六忌”:忌似香炉蜡烛,忌似笔架花瓶,忌似刀山剑树,忌似铜墙铁壁,忌似城郭堡垒,忌似鼠穴蚁蛭。

堆石形体在施工艺术造型上习惯用的十大手法是挑、飘、透、跨、连、悬、垂、斗、卡、剑。

3)配合工程设施,达到一定的艺术效果。

配合工程设施如用作亭、台、楼、阁、廊、墙等的基础与台阶,也可以配合这些景观建筑进行造景,用作山间小桥、石池曲桥的桥基及配置于桥身前后,使它们与周围环境相协调。

5.山石在园林中的配合应用

1)山石与植物的结合自成山石小景

无论何种类型的山石,都必须与植物相结合。如果假山全用山石建造,石间无土,山上寸草不生,观赏效果并不好。山石与竹结合,山上种植枫树都能创造出生动活泼、自然真实的美景。选择与山石相搭配的植物,首先要以植物的习性为依据,并综合假山的立地条件,使植物能生长良好,而不与山石互相妨碍。也要根据我国园林的传统习惯和构图要求来选择植物。

2)山石与水景结合

掇山与理水结合是中国园林的特点之一,如潭、瀑、泉、溪、涧都离不开山石点缀。水池的驳岸、汀步等更是以山石为材料做成的,既有固坡功能,又有艺术效果。(见图4-22)

图 4-22 山石与水景结合

3)山石与建筑结合

如许乡园林建筑都可用山石砌基,尤其阁山、楼山都是与山石结合成一体;并可做步石、台阶、挡土墙。此外，还可做室外家具或设施，如石榻、石桌、石几、石凳、石栏、石碑、摩崖石刻、植物标志等，既不怕风吹日晒、雨淋夜露，又可结合造景。（见图 4-23）

图 4-23 山石与建筑结合（摄影：梁玉琼）

（五）地形的塑造

1. 山形

堆山不宜对称。自然界中不乏山体平面、立面对称的例子，却不应是我们效法的对象。平面上要做到缓急相济，给人以不同感受。在北方通常北坡较陡，适于大面积展示植物景观和建筑色彩。但立面上需要有主峰、次峰、配峰的安排。

还需注意的是，主峰、次峰、配峰，三者不能处在同一条直线上，也不要形成直角或等边三角形关系，要远近高低、错落有致。正如宋朝画家郭熙所说：山，近看如此，远数里看又如此，远十数里看又如此，每远每异，所谓山形步步移也。山，正面如此，侧面又如此，背面又如此，每看每异，所谓山形面面看也。作为陪衬的山要和主峰保持合适的高度差。由此可见，增加山的高度和体积不是产生雄伟感的唯一途径。

中国园林里为使假山石具有"真山"的效果，常将视距安排在山高的 3 倍甚至 2 倍以内，靠视角的增大来产生高耸感。大空间里 4—8 倍的视距仍会对山体有雄伟的印象，如果视距大于景物高度的 10 倍，这种印象就会消失。

北海琼华岛（见图 4-24）高约 32 米，白塔也有大约 30 米高，使岛的高度增加了 1 倍；从南岸看，视距比为 1∶3.5，西北端看为 1∶7，使全园都在其控制之中。琼华岛的位置偏南靠近东岸，由各个角度都可得到不同的观感，达到了"步移景异"的效果，产生了高远感。山还应当使人感到平远和深远。"山有三远：自山下而仰山巅，谓之高远；自山前面窥山后，谓之深远；自近山而望远山，谓之平远。"（《林泉高致》）为了达到预想效果而又不至于开挖堆砌太多的土方，常使山趾相交，形成幽谷，或在主山前设置小山创造前后层次，总之要在主山前多布置层次。

济南大明湖有人为了求得"一片大明"的效果，将水生植物大量去除，结果使堤岸建筑无遮无挡俱呈人前，人工气息十足（见图 4-25）。现如今索道缆车占据名山，引人非议。反对者提出反对的重要理由便是游人再难体会到山的瑰奇雄伟。

图 4-24　北海琼华岛

图 4-25　济南大明湖

“仰视天门，如从穴中视天窗矣”，泰山“十八盘”（见图 4-26）惊险异常，怪松遒劲，石壁接天。如乘缆车直达南天门，人会感到山若院墙，人似蝼蚁，树如草芥。奇石“斩云剑”位于山坡之上，当云沿坡上升至此时，因海拔高而气温降至水汽凝结点，飞云化作细雨洒落大地，此类景观若非近观则不可知其妙处。发达国家年轻人热衷于攀岩登山，在赤手空拳与山岩的较量中强健体魄并体会山岳的美。我国古人曾说，贪游名山者，须耐仄路……贪看月华者，须耐深夜；贪看美人者，须耐梳头……在古代游历山水有很大的风险，人们尚知寻求苦中之乐，今天我们更不能为避辛劳而只图走马观花。

图 4-26　泰山“十八盘”

2. 山脊线的设置

山的组合可以很复杂，但要有一气呵成之感，切不可使人觉得孤立零碎，而要提纲挈领。这“纲”和“领”主要是指山脊线的设置，它的作用如同人的脊椎一样，要做到以骨贯肉，气脉相通。设计时应考虑到土方实际的计算问题。按需要量开挖运来的土，如不压实会多1/7—1/4的土方量。

地形对小气候有一定的影响。一般背风处较平静，但当迎风面缓、逆风处陡时，背风面风速更快；人们坐着休息时风速应小于每秒4米；行走时风速应小于每秒12米；冬天北坡获得的热量比南坡少一半。地形的塑造应与游人活动类型、活动的季节和具体时间相结合考虑，而不是孤立地看。

3. 背景山的作用

山除了可以作为主景，也可作为背景出现，如钱塘江大桥旁的欧阳海烈士塑像就是以山为背景来突显的，上海虹口公园鲁迅墓也用人工堆山做陪衬。山在现代园林景观中类似古典园林中的墙，可对游览序列产生有效的控制，使各个内容不同的空间不会相互干扰。绿地中常在道路交叉口和路旁堆山植树，避免游人穿行并组织观赏路线。另外，在地下水位较高的地带堆山还可改善生态环境。

4. 山的高度的掌握

山的高度可因具体需求来决定。供人登临的山，为了给人以高大感，并充分实现远眺，山的高度应设置得高于平地树冠线，在这个高度上人不会产生“见林不见山”的感觉。当山的高度难以满足这一要求(10—30米)时，要尽量避免在主要欣赏面靠山脚处种植过于高大的乔木，而应以低矮灌木(如有庇荫需求可选取小乔木)突出山的体量。在山顶覆以茂密的高大乔木林(根部要为小树所掩，以免使山的真实高度一目了然)，创造磅礴的气势。横向上也要注意用余脉延伸，用植矮树于山底等方法掩虚露实，一样可以起到加强作用。

如果反其道而行之，在某些休(疗)养院中弱化地形，使原本陡峭的地势不让人产生望而生畏之感，在轻松的气氛里完成适当的锻炼。对于那些分隔空间和起障景作用的土山，通常不被登临，高度在1.5米以上能遮挡视线就足够了。建筑一般不要建在山的最高点，这会使山体呆板，同时建筑也失掉了山体的陪衬。建筑选址既要配合山形又要便于赏景。山与水的配合是最为常见的，水体为山解决了排水问题，活水突出了山的静，加强了山的视觉感受。而山的凹凸变化也赋予了水聚散多变的性格，它们之间能够互补，相得益彰。

5. 洞穴

洞穴是所有地形地貌中最为奇特的一种，自然界中的洞穴通常是因为水的侵蚀作用，或是风与微生物等外力的风化作用而形成。而中国古典园林中的洞穴是由假山堆叠而成的，无论是从景物构成来看，还是从温度、光照等自然条件来看，它都极为独特，给人以神奇诡秘的感觉。假山有较大的安息角，比土山在空间安排上有更大的灵活性。避暑山庄文津阁作为皇家图书馆在院落大门后堆山(见图4-27)，隔绝了外界喧嚣，山和阁之间有一水池，以满足图书馆对消防安全的需求。当经过假山山洞到达阁前时，可以发现白日里池中倒映着一弯新月，和空中的太阳形成日月交辉的奇观，山洞大多独自成景。

天然洞穴中如较为著名的喀斯特地貌靠千百年积聚形成的石钟乳幻化出各种形状，引人赞叹。建筑和雕塑壁画有时也同洞穴结合，偶尔水潭潜流还会以水声暗示着自己的存在。植物常常种植于洞口之外，较少对洞景产生直接影响。人工园林中苏州狮子林即以假山洞穴为主，规模之大驰名江南，其堆叠手法尽显中国古典园林中堆山之曲

图 4-27 文津阁的院落堆山

折与复杂，清朝乾隆皇帝下江南必到这里游玩，还直言“真有趣”。苏州另一处古典园林环秀山庄假山理法亦是高超(见图 4-28)，堪称山石艺苑中的典范。

图 4-28 苏州环秀山庄

山洞的趣味性常常是其他地形要素难以替代的。北海琼华岛北坡的假山曲折婉转，除了自身的丰富变化外，还将封闭的建筑、开阔的山顶、美丽的山林连在一起。这种空间的突然变化会令人感到惊奇，山洞正是实现这种突然变化的最自然的表现方式。

第二节 水体水系

一、水体水系的作用

水体是园林中给人以强烈感受的因素，“水，活物也，其形欲深静，欲柔滑，欲汪洋，欲回环，欲肥腻，欲喷薄……”(宋朝郭熙《林泉高致》)，它甚至能使不同的设计因素与之

产生关系而形成一个整体，像白塔、佛香阁（见图 4-29）一样保证了总体上的统一感，江南园林常以水贯通几个院落，收到了很好的效果。只有了解水的重要性并能创造出各种不同性格的水体，才能为全园设计打下良好的基础。

图 4-29　颐和园佛香阁

我国古典园林当中，山水密不可分，叠山必须顾及理水，有了山还只是静止的景物，山得水而活，有了水，景物才能生动起来，打破空间的限制，还能产生倒影。

古人云："目中有山，始可作树，意中有水，方许作山。"在设计地形时，山水应该同时考虑，除了挖方、排水等工程上的原因，山和水相依，彼此更可以表露出各自的特点，这是从园林景观艺术角度出发最直接的用意所在。

《韩诗外传・卷三》中对水的特点也曾做过概括："夫水者，缘理而行，不遗小间，似有智者；动而下之，似有礼者；蹈深不疑，似有勇者；障防而清，似知命者；历险致远，卒成不毁，似有德者。天地以成，群物以生，国家以宁，万事以平，品物以正，此智者所以乐于水也。"文中认为水的流向、流速均蕴含一定的道理，而无例外，如同有智慧一样；甘居于低洼之所，仿佛知晓礼义；面对高山深谷也毫不犹豫地前进，有勇敢的气概；时时保持清澈，能了解自己的命运所在；忍受艰辛不怕遥远，具备高尚的品德；天地万物离开它就不能生存，它关系着国家的安宁。由远古开始，人类和水的关系就非常密切。一方面饮水对于人来说比进食更为重要，这要求和水保持亲近的距离；另一方面水也可以让人遭受灭顶之灾，从很多典籍中我们能感受到祖先治水的艰难。在和水打交道的过程中，人们对水有了更多的了解。

由《山海经》可以看出古人已开始对我国西高东低的地形有了认识，大江大河"发源必东"，仿佛体现了水之有志，这种理念使后世在其影响下极为重视水景的设计。水是园林中生命的保障，它使园中充满旺盛的生机；水是净化环境的工具。

园林中水的作用，远不止这些，在功能上能湿润空气，调节气温，有利于游人的健康，还可用于灌溉和消防。

在炎热的夏季里通过水分蒸发可使空气湿润凉爽，水面低平可引清风吹到岸上，故《石涛画语录》中有"树下地常荫，水边风最凉"之说。水和其他要素配合，可以产生更为丰富的变化，"山令人古，水令人远，石令人静"。园林景观中只要有水，就会显示出活泼的生气。宋朝朱熹曾概括道："知者达于事理而周流无滞，有似于水，故乐水；仁者安于义理而厚重不迁，有似于山，故乐山。"山和水具体形态千变万化，"厚重不迁"（静）和"周流无滞"（动）是它们各自最基本的特征。石涛说："非山之任水，不足以见乎周流，非水之任山，不足以见乎环抱。"其中道出了只有山水相依才能令地形变化动静相参，丰富完整。另外，水面还可以进行各种水上运动及养鱼种藕结合生产。

在空间景观效应方面（见图 4-30），水体可以起到空间的扩展与引导、丰富空间层次的作用。规模较大、面状的水，在环境空间中有一定的控制作用。小规模的水池或水面的水景，在环境中起着点景的作用，成为空间的视觉焦点，从而起到引导作用。水景作为视觉对象，应有丰富的视觉层次（灵活组织点、线、面式水景，可采用叠合的方式形成立体水景，构成三维空间增加层次感）。

图 4-30 水的空间景观（摄影：龙渡江）

二、水体水系的形态

无论中国园林还是西方园林都曾在水景设计中模仿自然界里水存在的形态，这些形态可大致分为以下两类。

（一）带状水体

如江、河等平地上的大型水体和溪涧（见图 4-31）等山间幽闭景观。前者多处于大型风景区中；后者和地形结合紧密，在园林景观中出现得最为频繁。

图 4-31 带状水体——溪涧（摄影：王栋）

（二）块状水体

大者如湖海（见图 4-32），烟波浩渺，水天相接。园林里常将大湖以"海"命名，如福海、北海等，以求得"纳千顷之汪洋"的艺术效果。小者如池沼，适于山居茅舍，带给人以安宁、静穆的气氛。

图 4-32　块状水体——湖

（三）其他水体

此外，水的形态还有“喷、涌、射”与“落”的形态。

1. 喷、涌、射

主要以人工喷泉（见图 4-33）景观的形式美化城市环境，从城市广场到街道，从庭院到小区，喷泉因其所处的环境的层面性质、空间形态、地理位置的不同和观赏者的心理、行为方面的不同而形式千差万别。

图 4-33　人工喷泉

2. 落

落是由线的形式所构成的天然的或人工的落水（见图 4-34）。瀑布常与水池构成一个整体。瀑布的落差和水流量大小，常常创造出极具个性的水景，给人以清新的感受。

在城市里是不大可能将天然水系移入园林中的。这就需要对天然水系进行观察提炼，求得“神似”而非“形似”，以人工水面（主要是湖面）创造近于自然水系的效果。

圆明园、避暑山庄等是分散用水的范例。私家大中型园林也常采用这种形式，有时虽水面集中，也尽可能“居偏”，以形成山环水抱的格局，反之如过于突出则显得呆板，难以和周围景物产生联系，而中小型园林为了在建筑空间里突出山池，水体常以聚为主。

图 4-34 落水

三、实例解析

(一)颐和园后山的水体

相对而言,清漪园(今颐和园)后山的地形塑造要困难得多。上千米长的万寿山北坡原来无水,地势平缓,草木稀疏。山南虽有较大水面,却缺乏深远感,佛香阁建筑群宏伟壮丽却不够自然,万寿山过于孤立,变化也不够,有太露之嫌。基于以上考虑,乾隆时期对后山进行大规模整治,于是在靠近北墙一侧挖湖引水,挖出的土方堆在北墙以南,形成了一条类似于峡谷的游览线。这项工程不单解决了前面遇到的问题,还满足了后山排水的需要。为圆明园和附近农田输送了水源,景观上避免了北岸紧靠园外无景可赏的情况,可说是一举数得。这类峡谷景观的再现即使在皇家园林中也是很少见的,其独特的意趣常使众多游人流连于此,理水则是这种意趣能够产生的关键。

后溪河(见图 4-35)北岸假山虽然是由人工堆叠而成,却没有追求叠山手法,而是自成体系,任意安排。它的变化和南山相结合,严格地说,其走势是由南山地貌决定的;南

图 4-35 颐和园后溪河

山凸出的地方，北山也逼向江心，中间形成如同刚被冲开的缺口；南山凹进，北山也随着后退。造成中间如同被溪水冲刷而出现的开阔水面。

不算谐趣园，后溪河千米长的游览线被五座桥梁和一处峡口分成七段，每段长约150米。桥梁的遮挡、堤岸的曲折使这个距离以外的景色受到阻拦。在每段内部，两岸的景物则历历在目，甚至建筑细部亦可看清。由于水路视距多在百米左右，和万寿山南坡视距可达千米相比完全不同，视距短，人看和被看的机会都减少了，造成了林茂人稀的效果，后山的幽静感就是这样产生的。当人们由半壁桥开始游览时，就可以望见前面绮望轩和看云起时两组建筑峙立于峡口两岸，给了人们一个醒目的标志。穿过峡口便来到桃花沟景区，它是后溪河上第一个景区。四周建筑密度仅次于买卖街，沟内密植桃林，在青松衬托下如同《桃花源记》中描写的人间仙境。除了植物和建筑，地形上也对水的变化做了必要的强调——在南北纵深方向上以沟壑增加深远感。在前段线路上山势平缓缺乏变化，这里接近山脊，山高谷深，是后山最大的排水沟，由味闲斋开始逐渐变宽，在欲进入后溪河时突然变窄，形成了空间上收—放—收的变化。水流变急，仿佛江河奔向大海。为了减缓水势，这一段湖面在后溪河各段中是最宽的，正好又和前面仅几米宽的峡口形成了收放对比。如果不这样做，浑水则会冲入买卖街和半壁桥附近的水面，对景观产生影响，同时不利于北岸的稳定。开阔的水面则可以让泥沙逐渐沉淀，起到净化作用，故水口上立有四角小亭。小亭取名“澄碧”，象征水之清澈。

继续前行就到了买卖街（见图4-36），沿后山中轴线（大石桥）整齐地排列着半里长的铺面房，店铺前后分别是料石砌就的驳岸和挡土墙。与前两段建筑因山选址散点布置，湖岸环山抱水，因势而入山林气氛相比较，令人感到热闹欢快，如同在江南水乡畅游。所效仿的是人工景观，和今天有些景点内的民族文化村略有相似，这也是出于“因地制宜”的考虑，买卖街附近多石，掘石换土工程量太大。地势险窄，即使进行绿化恐怕也只能是行道树的效果，况且由北楼门入园，洞对岸是大体量的表示民族团结的佛寺建筑形象——须弥灵境。

图4-36　买卖街（摄影：李艳）

作为一种过渡，买卖街起到了“前奏曲”的作用，做到了局部服从于整体的安排。河岸上高高的石壁看似缺乏绿意，实则是将山上巨大的建筑群做了遮掩，称得上是“大巧若拙”。买卖街的尽端是寅辉城关，旁边有一山谷是万寿山北坡东半部的主要排水渠道之一。它不如桃花沟宽大幽深，却以数丈高的石壁形成绝涧，强化了坐落于顶部的寅辉城关地形上的险峻。这种险峻感的形成也是靠人工切割掉原来的山脚，堆土于山上，使山更高、坡更陡。

山涧直流而下也产生了与桃花沟相似的冲刷严重的问题。要是和桃花沟做同样的处理会给人以雷同感，为此设计者采用如下步骤处理：首先将山涧出口处做弯曲变化，使水流先向东转再经北折，冲力被卸掉一部分，不能直泻而下。其次在洞北面石岸处层层向西收进，将水引入一个中心有岛的港湾，令其绕岛而流，增加了水流路径，减慢了水的流速。过寅辉城关后，景色立时变得肃静幽雅，两段水面周围青山满目，建筑只是山林的点缀。澹宁堂、花承阁，虽有对称辅线，仅是为了明确各段的节奏。花承阁多宝塔纤细秀美，对自然景物是一种补充而非控制。

这里水面富于变化，即使在狭窄的北山，也设计了一段曲折的河道，河道里隐藏着一座船坞，是消暑寻幽的好去处。由此可见，后溪河东段以静取胜，为随即到来的谐趣园作铺垫。整个游览线路动静交错，按“动—静—动”的序列演替出多变的旋律，是皇家园林线式理水成功的代表作。

（二）其他园林中水体的处理形式

苏州畅园、壶园和北海画舫斋等处水面方正平直，采用对称式布局。但多用对称式布局有时又显得过于严谨。即使是皇家园林，在大水面的周围也往往布置曲折的水院。避暑山庄的文园狮子林，北海的静心斋、濠濮间，圆明园的福海，颐和园的后湖以及很多景点都是如此。

在干旱少雨的北方水系设置尚且不忘以潆洄变化之能事，南方就更可想而知了。水的运动要有所依靠，中国画有“画岸不画水”之说，意即水面应靠堤、岛、桥、岸、树木及周围景物的倒影为其增色。

南京瞻园以三个小池贯通南北：第一个水池位于大假山侧面，小而深邃有山林味道；第二个水池面积最大，略有亭廊点缀，开阔安静；第三个水池紧傍大体量的水榭，曲折变化增多，狭处设汀步供人穿行，较为巧妙。三者以溪水相连，和四周景物配合紧凑。为使池岸断面丰富，仅水池四周就有贴水石矶、水轩亭台、平缓草坡、陡崖堑路、夹涧石谷等几种变化，和廊桥、汀步、小桥组合在一起使得景色十分丰富。

四、世界水景的特点

（一）中国水景

东方园林基本上是写意的、直观的，重自然、重情感、重想象、重联想、重“言有尽而意无穷”“言在此而意在彼”的韵味。中国园林水景包括溪瀑的动水和沼泽湖海的静水两方面。尤其江南园林讲究“无园不水”，水池布局依山势而行，形状不拘，面积不大者“以不尽尽之”，以给人以扩大之感。水池边多辅以假山，中国园林的假山高大、硬朗，水域开阔，人工味较浓。

（二）西方水景

欧洲在水景构建方面主要模仿伊甸园的水路分割法则，使得水景丰富，植被繁茂，模仿伊甸园的四条水路分割法则。后来欧洲又用大量的几何植栽来加强这种分割，并

以这种矩形分划为基础，衍生出一整套几何造园的理论，而水法的运用也日趋广泛。

西方园林基本上是写实的、理性的、客观的，重图形、重人工、重秩序、重规律，以一种天生的对理性的思考和崇尚，把园林也纳入严谨、认真、仔细的科学范畴。

西方园林的主导思想是以人为自然界的中心，大自然必须按照人思想中的秩序、规则、条理、模式来进行改造，因此水景常以中轴对称规则形式体现出超越自然的人类征服力量。

（三）伊斯兰水景

伊斯兰体系是在古巴比伦故土上发展，和模仿的原型有着同样的气候和地理环境，对古代西亚地区水景处理的手法保存得比较完整，而其视水如金的水法处理方式也是其最大的特色。运用保护水流的渠道和堤岸，以及狭窄的溪流潺潺和低矮的喷泉点点，体现了人类对水的珍视和对水处理手法的娴熟。

（四）日本自然式水景

佛家的禅宗与中国古典园林“天人合一”的思想是构成日本园林艺术的主要内容，水域也更接近自然溪流沼泽，人工痕迹较少。日本园林是在荒凉孤寂的山林中体现着孤独的禅意和对短暂人生的寂寞思考。

枯山水（见图 4-37）是日本园林的精华，实质上是以砂代水、以石代岛（见图 4-38）的做法。它用极少的构成要素达到了极大的意蕴效果，追求禅意的枯寂美。

图 4-37　枯山水

图 4-38　以石代岛

五、理水

园林中人工所造的水景，多是就天然水面略加人工处理或依地势就地凿水而成。

水景按照动静状态可分为动水和静水。

动水，如河流、溪涧、瀑布、喷泉、壁泉等。

静水，如水池、湖沼等。

水景按照自然和规则程度可分为自然式水景和规则式水景。

自然式水景，如河流、湖泊、池沼、泉源、溪涧、涌泉、瀑布等。

规则式水景，如规则式水池、喷泉、壁泉等。

（一）河流

在园林中组织河流（见图 4-39）时，应结合地形，不宜过分弯曲，河岸上应有缓有陡，河床有宽有窄，空间上应有开朗有狭蹙。

图 4-39 河流

造景设计时要注意河流两岸风景，尤其是当游人泛舟于河流之上时，要有意识地为其安排对景、夹景和借景，留出一些好的透视线，让游人在游览时有一个良好景色的动线。

（二）溪涧

自然界中，泉水通过山体断口夹在两山间的流水为涧，山间浅流为溪。一般习惯上“溪”“涧”通用，常以水流平缓名为溪，湍急者为涧。

溪涧（见图 4-40）之水景，以动水为佳，且宜湍急，上通水源，下达水体，在园林中，应选陡石之地布置溪涧，平面上要求蜿蜒曲折，竖向上要求有缓有陡，形成急流、潜流。如无锡寄畅园中的八音涧，以忽断忽续、忽隐忽现、忽急忽缓、忽聚忽散的手法处理流水，水形多变，水声悦耳，有其独到之处，让景色平添趣味。

图 4-40 溪涧

（三）湖池

湖池有天然、人工两种，园林中湖池多是天然水域略加修饰或依地势就地凿水而成，沿岸因地制宜设景，自成天然图画（见图 4-41）。

湖池常作为园林（或一个局部）的构图中心，在我国古典园林中常在较小的湖池四周围以建筑，如颐和园中的谐趣园（见图 4-42），苏州的拙政园（见图 4-43）、留园，上海的豫园等。这种布置手法，最宜组织园内互为对景，产生面面入画，让人步移景异，并有“小中见大”之妙。

湖池水位有最低水位、最高水位与常水位之分，植物一般种于最高水位以上，耐湿树种则可种在常水位以上，湖池周围种植物应留出透视线，使岸上有开有合、有透有漏。

图 4-41　十七孔桥

图 4-42　谐趣园

图 4-43　拙政园远接北寺塔

（四）瀑布

从河床横断面陡坡或悬崖处倾泻而下的水为瀑，其遥望之如布垂而下，故谓之“瀑布”（见图 4-44）。

图 4-44　广西德天瀑布

瀑布是水景中最为活跃的部分，它可独立成景，形成丰富多彩的效果，在园林景观中很常见。瀑布可分为线瀑、挂瀑、飞瀑、叠瀑等形式（国外有人认为陡坡上形成的滑落水流也可算作瀑布，它在阳光下有动人的光感，此处所指的是因水在空中下落而形成的瀑布）。瀑布口的形状决定了瀑布的形态，如线瀑水口窄，帘瀑水口宽。水口平直，瀑布透明平滑；水口不整齐会使水帘变皱；水口极不规则时，水帘将出现不透明的水花。现代瀑布可以让光线照在瀑布背面，流光溢彩，引人入胜。天气干燥炎热的地方，流水应在阴影下设置；阴天较多的地区应在阳光下设置，以便人的接近，甚至进入水流。叠瀑是指水流不是直接落入池中而是经过几个短的间断叠落而下形成的瀑布，它比较自然，充满变化，最适于与假山结合模仿真实的瀑布。设计时要注意承水面不宜过多，应上密下疏，使水最后能保持足够的跌落力量。叠落过程中水流一般分为几股，也可以几股合为一股。避暑山庄中的沧浪屿便是如此处理的。水池中可设石承受冲刷，使水花和声音显露出来。

大的风景区中，常有天然瀑布可以利用，但在一般园林景观当中，就很少有了。所以，一般只在经济条件许可又非常必需时，才可结合叠山创造人工小瀑布。人工瀑布只有在具有高水位置的情况下，或条件允许人工给水时才能运用。

瀑布由五部分构成：上流（水源）、落水口、瀑身、瀑潭、下流。

瀑布下落的方式有直落、阶段落、线落、溅落和左右落等之分。

瀑布附近的绿化，不可阻挡瀑身，因此，瀑布两侧不宜配置树形高耸和垂直的树木。在瀑身一定距离内，应做空旷处理，以便游人有适当距离来欣赏瀑景，还可以在适当地点专设观瀑亭。

（五）喷泉

地下水往地面上涌，谓“泉”。泉水集中，流速大者可称涌泉或喷泉。

在园林景观中，喷泉（见图 4-45）往往与水池相连接，布置在建筑物前、广场的中心或闭锁空间内部，以作为一个局部的构图中心，尤其在缺水的园林景观中，是焦点，能获得较高的艺术效果。喷泉有以水柱为中心的，也有以雕像为中心的，前者适用于广场以及游人较多之处，后者则多用于宁静地区。喷泉的水池形状大小可变化多样，但要与周围环境相协调。

图 4-45 喷泉

喷泉的水源有天然的也有人工的，天然水源即是在高处储水，利用天然水压使水流喷出。人工水源则是利用自来水或水泵推水。处理好喷泉的喷头是形成不同喷泉水景的关键，喷泉出水的方式可分长流式或间歇式。

近年来，随着科技的发展，在国外有随着音乐节奏起舞的喷泉柱群和间歇喷泉。我国于 1982 年在北京石景山区古城公园成功装置了自行设计的自控花型喷泉群。

喷泉水池的植物种植，应符合喷泉水池的功能及观赏要求，可选择慈姑、水生鸢尾、睡莲、水葱、千屈菜、荷花等。水池深度，随种植类型而异，一般不宜超过 70 厘米，亦可将盆栽水生植物直接沉入水底。

喷泉在城市中也得到了广泛应用，它的动感与静水形成对比，在缺乏流水的地方和室内空间可以发挥很大的作用。

（六）壁泉

壁泉可分为壁面、落水口、受水池三部分。壁面附近墙面凹进一些，用石料做成装饰，有浮雕及雕塑。落水口可用兽形雕像或人物雕像、山石等来装饰，如在我国旧园及寺庙中，就有将壁泉落水口做成龙头式样的。其落水形式需依水量之多少来决定：水多时，可设置水幕，使其呈片状落水；水少时，呈柱状落水；水更少，则呈淋落，点滴落下。目前，壁泉已被运用到建筑的室内空间中，增加了室内动景，颇富生气，如珠海的“三叠泉”。

六、水景设计原则及自然式水景的维护保养与生态建设

（一）水景设计的基本原则

1. 满足功能性要求

水景的基本功能是供人观赏，因为它必须是能够给人带来美感且使人赏心悦目的，所以设计首先要满足艺术美感。

水景也有戏水、娱乐与健身的功能。随着水景在住宅小区中的应用，人们已不仅仅满足于观赏，更是有亲水、戏水的需求。因此，设计中出现了各种戏水旱喷泉、涉水小溪、儿童戏水泳池及各种水力按摩池、气泡水池等，并将景观水体与戏水娱乐健身水体合二为一，丰富了景观的使用功能。

水景还有小气候的调节功能。小溪、人工湖、各种喷泉都有降尘、净化空气及调节湿度的作用，尤其是它能明显增加环境中的负离子浓度。水景能使人感到心情舒畅，具有一定的保健作用。水与空气接触的表面积越大，喷射的液滴越小，空气净化效果越明显，负离子产生的也就越多。设计中可以酌情考虑上述功能进行方案优化。

2. 环境的整体性要求

水景是工程技术与艺术设计结合的产物，它可以是一个独立的作品。一个好的水景作品，必须要根据它所处的环境氛围及建筑功能要求进行设计，且要与建筑园林设计的风格协调统一。

水景的形式有很多种，如流水、落水、静水、喷水等，而喷水又因其有各式的喷头，可达到不同的喷水效果。即使是同一种形式的水景，因配置不同的动力水泵又会形成大小、高低、急缓不同的水势。因而在设计中，要先研究环境的要素，进而确定水景的形

式、形态、平面及立体尺度，实现与环境相协调，形成和谐的量度关系，构成主景、辅景、近景、远景的丰富变化。

3. 技术保障可靠

水景设计分为几个专业：①土建结构（池体及表面装饰），②给排水（管道阀门、喷头水泵），③电气（灯光、水泵控制），④水质的控制。各专业都要注意实施技术的可靠性，为统一的水景效果服务。

水景最终的效果不是单靠艺术设计就能实现的，它必须依靠每个专业具体的工程技术来保障，只有各个专业协调一致，才能达到最佳效果。

4. 运行的经济性

在总体设计中，不仅要考虑最佳效果，同时也要考虑系统运行的经济性。

不同的景观水体、不同的造型、不同的水势，它所需提供的能量是不一样的，即运行经济性是不同的。通过优化组合与搭配、动与静结合、按功能分组等措施都可以降低运行费用。例如，按功能分组设计，分组运行就可以节省运行费用。平时开一些简单功能以达到必要的景观观赏目的，运行费用很少；在节假日或有庆祝活动时，再分组启动其他造景功能，这样可以实现运行的经济性。

（二）自然式水景的维护保养与生态建设

自然式水景能否成功营造取决于各式各样、不同品种的水生植物是否可以平衡、和谐地生长。

水深的水体比水浅的水体温度变化小，水深的水体夏天水温不会过高，冬天不致过低或结冰。这样一方面可抑制水藻的快速生长，另一方面也可使微生物正常生长。

要保持植物品种、数量的自然平衡，可放养适当数量的鱼，这是保持水体自然生态平衡、避免问题产生的最理想方法。

池塘设计有浅滩或浅的边缘（水体与陆地的通道），可将其作为青蛙、蟾蜍和其他两栖动物的栖息地。

自然式水体应有五分之一至三分之一的边缘呈约 20°倾斜。

水体最好有水深达 100 厘米的中央区域，这将有利于整体水温的稳定，从而利于鱼类的生存。大型水体一般在中央建立岛屿（或漂浮岛），为野生动物提供一个好的栖息地。

水生植物对维持水体的生态平衡很重要，它能使水质保持清洁，为鱼类提供食物和产卵场所。另外，它们能吸收水中的矿物质和二氧化碳（藻类赖以生存），因此用于除藻也很有效。

七、水体中的建筑

（一）堤岸

堤不仅能分隔水域、强化景深，还有引导游线和丰富水景的作用（见图 4-46）。大型园林往往用堤划分广阔的水域，在划分的水域中或筑岛、布矶，或建轩、架桥，或栽柳、植花，可以形成不同的主题水景。以堤划分水域应主次有序，作为水面游路不宜过曲或过

长;堤应适度接近水面,使人行走其上,有凌波之感;长堤应有断有续,断处以桥相连,桥上人走,桥下船行,既便利交通,又丰富堤岸景观。堤上植树应疏密有致,间隔而不断;堤上组景应讲求韵律节奏,以形成优美的天际线。

图 4-46　杭州苏堤

(二)堤岛

堤岛等水路边际要素在水景设计中占有特殊的地位。四面环水的水中陆地称岛,岛可以划分水面空间、打破水面的单调,对视线起阻碍作用,避免湖岸秀丽风景一览无余;从岸上望湖,岛可作为环湖的焦点,登岛可以环顾四周湖中的开阔景色和湖岸上的全景。此外岛可以增加水上活动内容,可以吸引游人前往,活跃湖面气氛,丰富水面的动景。

岛可分为山岛、平岛和池岛。山岛突出水面,有垂直的线条,配以适当建筑,常成为全园的主景或眺望点,如北京北海之琼华岛。平岛给人舒适方便、平易近人的感觉,其形状很多,边缘大部分平缓。池岛的代表作如杭州三潭印月(见图 4-47),被称赞是湖中有岛、岛中有湖的胜景。此种手法在面积上壮大了声势,在景色上丰富了变化,具有独特的效果。

图 4-47　三潭印月

岛也可分隔水面，岛在水中的位置切忌居中，忌排比，忌形状端正，无论水景面积大小和岛的类型如何，大都居于水面偏侧。岛的数量以少而精为佳，只要比例恰当，1—2个足矣，但要与岸上景物相呼应，建筑和岛的形体宁小勿大，小巧之岛便于安置。

杭州的九溪就是靠道路被溪流反复穿行形成多重边界方，从而使人领略到“叮叮咚咚泉，曲曲折折路”的意境。三潭印月也是水中有岛，岛中有湖，湖上又有堤桥的多层次界面综合体。

(三)桥与汀步

园林中的桥也是这样一种边界要素。它的形式极为灵活，长者可达百余米，短者仅一步即可越过，高者可通巨舟，低者紧贴水面。采用何种形式要做到“因境而成”，大湖长堤上的桥要有和宏伟的景观相配合的尺度。如十七孔桥、断桥都是这一类中成功的作品。桥之高低与空间感受也有关系。

园林水景中，常以桥、汀步(见图 4-48)、雕塑、石灯笼、置石等来装饰水体，相互映衬，可使空间层次丰富、景色自然。

图 4-48　汀步(摄影:李艳)

桥和汀步是园林水景中必不可少的组景要素。它们不仅是路在水中的延伸，还具有联系景点、引导游览路线及增加水景空间层次的作用。桥有平桥、曲桥、拱桥、亭桥(廊桥)等形式，可按水面的大小架设。小水面可置平桥、曲桥，而大水面多设拱桥、亭桥和廊桥。汀步是在较浅的静水区，或浅滩、或浅溪用天然石头，也可用混凝土仿制莲叶状设置的一种“桥”，并表现出一定的规律变化，具有自然生机，给人以活泼之感。

“登泰山而小天下”这句话说明了视点越高越适于远眺，大空间内的高大桥梁不仅可以成景，也是得景的有力保障，大水面可以行船，桥如果没有一定高度就会起阻碍作用。小园中不可行船，水景以近赏为主，不求“站得高，看得远”，而须低伏水面，才可使所处空间有扩大的感觉。这时荷花、金鱼均可细赏，如同漫步于清波之上。桥之低平和水边假山的高耸还可形成对比，江南园林中大多如此，前文提过的环秀山庄和瞻园大假山旁的曲桥就是例子。当两岸距离过长，或周围景物较好可供观赏时，常用曲桥满足需要。桥不应将水面等分，最好在水面转折处架设，这样可以产生深远感。水浅时可设汀步，它比桥更自然、随意，汀步的排列应有变化，数目不应过多，也要避免给人过于整齐的印象。如果水面较宽，应使驳岸探出，相互呼应，形成视角，缩短汀步占据的水面长度。桥的立面和倒影有关，如半圆形拱桥和倒影结合会形成圆框，在地势平坦、周围景物平淡时可用拱桥丰富轮廓。

小环境中的堤桥已不再概念化，弯曲宽窄不等往往更显得活泼、流畅。堤既可将大水面分成不同风格的景区，又是便捷的通道，故宜直不宜曲。为便于两侧水体沟通、行船，长堤中间往往设桥，这同时也丰富了景观（因堤为窄长地形，容易使人感到单调）。堤宜平、宜近水，不应过分追求自身变化。岛也可分隔水面，和堤一样不要居于水的中心部位。石岛应以陡险取胜，建筑常布置在最高点的东南位置上，建筑和岛的体积宁小勿大。土岛坡度应缓，周围可密植水生植物保持野趣，令景色亲切怡人。

（四）雕塑

水体中设置雕塑，如法国凡尔赛宫的阿波罗泉池（见图 4-49）、昆明翠湖公园莲池的"荷花仙女"、南京莫愁湖的"莫愁女"（见图 4-50），以及一些小池设置的水牛、青蛙、鲤鱼等雕塑，与周围环境和谐统一，可发挥点景、衬景的作用。此外，水体中或堆筑山石，或设石灯笼（见图 4-51）以及池岸边小品，也可增强水体装饰的效果。

图 4-49 凡尔赛宫的阿波罗泉池

图 4-50 莫愁湖的"莫愁女"

图 4-51 石灯笼

坡岸线宜圆润，不似石岛嶙峋参差。庭院中的水池内如设小岛会增添生气，还可筑巢以吸引水鸟。岛不必多，但要各具特色。

杭州西湖湖心亭虽小却是醒目的主体建筑，人们远远就能看见熠熠发光的琉璃瓦。小瀛洲绿树丛中白墙灰瓦红柱，以空间变换取胜。阮公墩在 1982 年开发时将竹屋茅舍隐于密林之中，形成内向的“小洲一林中一人家”的主题。

水上建廊或亭可供游人休憩纳凉，但是有时人们反而觉得热，这是因为人同时吸收阳光直射和水面反射阳光带来的热量，此时除了改进护栏，在不影响倒影效果的情况下，还可在亭边种植荷花、睡莲等植物。近水岸边种植分枝点较低的乔木，设置座椅吸引纳凉的人们。

八、湖岸和池体的设计

湖岸的种类很多，可由土、草、石、沙、砖、混凝土等材料构成。草坡因有根系保护，比土坡更加稳定。山石岸宜低不宜高，小水面里宜曲不宜直，常在上部悬挑水幕以产生悠远的感觉，在石岸较长、人工味浓烈的地方，可以种植灌木和藤木以减少暴露在外的面积。自然斜坡和阶梯式驳岸对水位变化有较强的适应性，两岸间的宽窄会影响水流的速度。

池底的设计常常被人忽略，而它与水接触的面积很大，对水的形态有着较大影响。当用细腻光滑的材料做底面时，水流会很平静，换用粗糙的材料，如卵石，就会引起水流的碰撞产生波浪和水声。水底不平时，水会随地形起伏运动从而形成涟漪。池底深时，水色暗淡，景物的反射效果好。人们为了加强反射效果，常将池壁和池底漆成蓝色或黑色，如果追求清澈见底的效果，可选用浅色。水池深浅还应由水生植物的不同要求决定。

九、水的配景及水景设施

(一)植物配景

园林水体可赏、可游、可乐。水边植物配置应讲究艺术构图。自古以来，我国园林设置一般主张水边植以垂柳，形成柔条拂水的景观，同时在水边种植落羽松、池杉、水杉及具有下垂气根的小叶榕等，均能起到线条构图的作用。

无论大小水面的植物配置，与水边的距离一般要求有远有近，有疏有密，切忌沿边线等距离栽植，避免单调呆板的行道树形式。但是在某些情况下，又需要造就浓密的“垂直绿障”。

驳岸分土岸、石岸、混凝土岸等，其植物配置原则是既能使山和水融合为一体，又对水面的空间景观起着主导作用(见图 4-52)。土岸边的植物配置，应结合地形、道路、岸线布局，有近有远，有疏有密，有断有续，弯弯曲曲，自然有趣。石岸线条生硬、枯燥，植物配置的原则是露美遮丑，使之柔软多变，一般配置岸边垂柳和迎春花，让细长柔和的枝条下垂至水面，遮挡石岸，同时配以花灌木和藤本植物，如变色鸢尾、黄菖蒲、地锦等来局部遮挡(忌全覆盖、不分美丑)，增加活泼气氛。

图 4-52 驳岸植物

(二)石景的配置

《园冶》中云:“池上理山,园中第一胜也。若大若小,更有妙境。就水点其步石,从巅架以飞梁;洞穴潜藏,穿岩径水;峰峦缥缈,漏月招云;莫言世上无仙,斯住世之瀛壶也。”从中可以看出在传筑的造园艺术中堆山叠石占有十分重要的地位。石配景(见图4-53)在园林景观设计中是独具特色的装饰品,又起到衬托与分割空间的艺术效果。

图 4-53 驳岸石配景(摄影:龙渡江)

(三)观赏鱼配景

动物是水景规划设计中的要素之一。一方面,因为水是生命之源,离开了水就意味着动物失去了赖以生存的物质基础;另一方面,因为动物的存在,水景会更显生动和灵性(见图 4-54)。

图 4-54　园林景区观赏鱼(摄影:韦敏)

第三节　植物种植

园林植物是景观设计的重要组成部分,植物种植设计的水平直接影响到园林的景观效果,因此在植物种植设计时要考虑多方面因素,真正体现园林植物的生态功能、造景功能。

一、园林景观植物种植的原则

(一)性质和功能要求

园林植物种植设计,首先要从园林绿地的性质和主要功能出发。不同的园林绿地有不同的功能要求,植物的配置应考虑到绿地的功能,起到强化和衬托的作用。园林绿地功能很多,具体到某一绿地,总有具体的功能。街道绿地的主要功能是庇荫,同时也要考虑组织交通和市容美化的问题;综合性公园,要有集体活动的广场或大草坪,以及遮阳的乔木、成片的灌木和树林等;医院庭园则应注意环境卫生的防护和噪声隔离,在医院周围可种植密林,同时在病房、门诊周边应多植花木供休憩观赏;工厂绿化的主要功能是防护,所以工厂的厂前区域及办公室周围应以美化环境为主,而远离加工场所的休憩绿地则主要是供休息之用。因此,对于不同的绿地,进行植物选择与设计时应首先考虑其性质,尽可能满足绿地的功能要求。

(二)艺术需要

园林绿地不仅有实用功能,而且能形成不同的景观,给人以视觉、听觉等上的美感,属于艺术美的范畴。在植物配置上也要符合艺术美的规律,合理地进行搭配,最大限度地发挥园林植物"美"的魅力,如香港海洋公园一景中,水、雾、植物组成一副动态画面。

1. 总体艺术布局上要协调

规则式园林植物种植多采用对植、列植方式,而在自然式园林绿地中则常采用不对称的自然式种植，以充分表现植物材料的自然姿态。

根据局部环境和在总体布置中的要求，应采用不同的种植形式，大门、主要道路、整形广场、大型建筑附近多采用规则式种植，而在自然山水、草坪及不对称的小型建筑物附近则采用自然式种植。

从构图上考虑，常绿大乔木应在中间，为背景，落叶乔木稍靠外侧，小乔木、大灌木依次布置在外缘。

2. 考虑四季景色的变化

植物是有生命的风景园林构成要素，随着时间的推移，其形态不断发生变化，从幼小的树苗长成参天大树，历经数十年甚至上百年。在一年之中，植物随着季节的变化而呈现出不同的季相特点，从而引起园林景观的变化，譬如北京的香山公园，每到秋季，便可看到满山的红叶（见图 4-55）。因此，在植物配置时既要注意保持景观的相对稳定性，又要利用其季相变化的特点，创造四季皆有景可赏的园林景观。

图 4-55　北京香山公园

为了达到植物配置的设计要求，在树种选择上就要充分考虑其今后可能形成的景观效果，园林植物的景色随季节变化而变化，可分区、分段配置，使每个分区或地段突出一个季节植物景观主题，在统一中求变化。但在重点地区，四季游人集中的地方，应让四季皆有景可赏，即使一季景观为主的地段也应点缀些其他季节性的植物，否则这一季过后，会显得极为单调。

3. 全面考虑植物在观形、赏色、闻味、听声上的效果

人们欣赏植物景色是多方面的，而万能的园林植物是极少的，或者说并不存在，如果要发挥每种园林植物的特点，则应根据园林植物自身的特点进行设计。园林植物的观赏特性千差万别，给人的感受亦有区别，配置时可利用植物的姿态、色彩、芳香、声音等方面的观赏特性辅助景观功能需求合理布置，构成观形、赏色、闻香、听声的景观。如龙柏、雪松、银杏等植物，形体整齐、耸立，以观树形为主；鹅掌楸主要观赏其叶形；樱花、梅花等以赏其花色为主，而红瑞木、金枝国槐等则取其枝条色彩，尤其在北方冬季树叶凋落时，景观效果十分明显；桃花、紫荆主要是春天赏色；白兰、桂花等是闻其香，桂花主要是秋天闻香；“万壑松风”“雨打芭蕉”等主要是听其声；而成片的松树则可形成“松涛”。有些植物是多功能的，如月季花从春至秋，花开不断，既可观色赏形，又可闻香，但

在北方的冬季来临时剪去枝条堆土防寒，观赏性降低，倘若在其背后衬以常绿植物，则可以弥补其冬季景观之枯燥。

利用植物的观赏特性创造园林意境，是我国古典园林中常用的传统手法。如把松、竹、梅喻为“岁寒三友”，把梅、兰、竹、菊比作“四君子”，这都是通过园林植物的姿态、气质、特性给人的不同感受而产生的比拟联想，即将植物人格化，从而在有限的园林空间中创造出无限的意境。如扬州个园，是因竹之叶形似“个”字而得名。因园中遍植竹子，以示主人虚心有节、刚直不阿的品格。又如苏州拙政园内种植海棠、玉兰、桂花等，以寓“金玉满堂春富贵”之意。

4. 配置植物要从总体着眼

在平面植物配置上需注意种植的疏密和轮廓线，在纵向上则需注意树冠线，树林中要组织透视线，要重视植物的景观层次以及远近观赏效果。远观是看整体和大片的效果，如大片秋叶；近看是欣赏单株树型，如花、果、叶等的姿态。更主要的还是要考虑庭院种植方式的配置，切忌苗圃式的种植。配置植物要处理好与建筑，以及山、水、道路之间的关系。植物的个体选择，既要看总体，如体形、高矮、大小、轮廓，又要看枝、叶、花、果等。

(三)适地适树

按照园林绿地的功能和艺术要求来选择植物种类。例如，行道树在满足主要功能遮阴的同时，要求选择树干高、容易成活、生长快、适应城市环境干扰、耐修剪、耐烟尘的树种；而绿篱要求选择上下枝叶茂密，耐修剪能组成屏障的树种；种在山上的植物要求耐干旱，并要衬托山景；水边绿化应选择耐水湿的植物，与水景协调；纪念性园林中，绿化应选择具有象征纪念对象性格的树种，或是被纪念人所喜爱的树种等。

各种园林植物在生长发育过程中，对光照、温度、水分、空气等环境因子都有不同的要求。在植物配置时，一方面要满足植物的生态要求，使植物正常生长，并保持一定的稳定性，这就是通常所讲的适地适树，即根据立地条件选择合适的树种，或者通过引种驯化或改变立地生长条件，达到适地适树的目的，使种植植物的生态习性和栽植地点的生态条件基本上能得到统一；另一方面就是要为植物正常生长创造合适的生态条件，只有这样才能使植物成活和正常生长。多数园林植物专家认为：进行城市园林绿化既要追求美观和保证生物多样性，又要遵循适地适树的原则。尤其在引进一个新的品种时，一定要进行引种实验。只有适合当地气候、土壤环境，才能大量种植。因为一种植物如果种植于不适宜的地区，即使付出再多努力，也不可能达到原生环境的生存状态。可以说，适地适树就如同一条自然规律，利用其能改善局部小气候这一特点，可以使有不同生态要求的植物各得其所。喜阳者靠南，好阴者在北，怕日灼者居东，以整个树群作为保护的依托。

在选择园林植物时，首选为当地的乡土植物，主要是考虑到这类植物已经适应了当地水土，因此成活率高。为了丰富种类，可适当引种驯化成功的外地优良植物种类，或能够创造满足外地植物生存条件的环境。这些引入栽培的外来树种，是因为具有某些优点而被引入的，所以选择经过长期考验的外来树种是个增加植物种类丰富性的不错方式。如雪松，其原产地为巴基斯坦东北部至我国喜马拉雅山南麓的山区，通过人工引种进行城市绿化，如今它们遍布全球大多数城市，作为园林树种为风景园林事业发展做出了巨大贡献。

（四）密度和搭配

1. 密度

植物种植的密度是否合适，直接影响绿化功能的发挥。在空间上，在平面上要有合理的种植密度，使植物有足够的营养空间和生长空间，从而形成较为稳定的群体结构。如想在短期内取得好的绿化效果，种植距离可近些，适当增加种植密度。在时间上，一般常用速生树和长寿树相配植的办法来解决远近期过渡的问题。但树种搭配必须合适，要满足各种树木的生态要求，否则不但达不到理想的园林效果还会带来一定经济损失。

2. 配置

配置是指要考虑到不同植物之间的特性差异，注意将喜光与耐阴、速生与慢生、深根性与浅根性、常绿树与落叶树、乔木与灌木、观叶树与观花树以及树木、花卉、草坪、地被等不同类型的植物合理进行搭配，在满足植物生态条件下创造稳定的植物景观。如香港海洋公园内高大的散尾葵与低矮、耐荫的合果芋、彩叶草相配置，形成稳定的热带植物景观。在植物种植设计时应根据不同目的和具体条件，确定树木花草之间的比例。如纪念性园林中常绿树木数量比例较大。

植物种植设计应该注意植物间的和谐，形态与色彩等的过渡要自然、平缓，避免生硬。还要考虑保留与利用原有树木，尤其是古树名木，可在原有树木基础上搭配其他的植物。

3. 规模设置

在种植规模上，为了保证让每棵树木都有足够的生长空间，同时便于游人更好地观赏，树群种植规模不宜过大，长度和宽度不要超过 50 米，且最好能够体现转折变化。长宽比不要大于 3，否则容易造成长而窄的林带感。为保持整体视觉效果的完整，道路不宜穿过树群。

4. 林相分布

树木要以混交为主，并展示出多种层次上的不同种类的植物所特有的观赏特性。林木茂密郁闭，种植规模更大；郁闭度达 0.7 及以上的称为密林，小于 0.7 的称为疏林。

密林又可分为混交密林和单纯密林两种。混交密林组合要以规模取胜，不必过分强调精巧并应减少人工雕琢的痕迹；要以小块状混交和点状混交及复层混交为主，并确定重点树种；密林在外部应有一定的空旷地带以保证游人可在林高 3 倍以外的距离进行欣赏，在内部靠近路边的地方不应过多种植灌木以防止造成封闭压抑的感觉，使人们在路边即可欣赏到幽深的密林景观。单纯密林应选用长势健旺并有较高观费价值的乔木，只有在岩石陡坡上才可以用灌木来达到密林以造成高山灌丛的效果。

疏林是风景园林中最受人们欢迎的种植方式，即以某种落叶乔木疏散地种植在草地上；树形应展开疏朗；各部分如叶、花、干等要有特点，安全卫生；灌木不宜在疏林草地主空间内出现。

（五）植物所创造的空间

1. 乔木

乔木的特征是高大。如杉树的特征就是笔直高大，可长到 30 米左右。春天有嫩绿

Note

的新叶,夏天有茂盛的绿荫,秋天是满树的红叶,冬天的裸枝呈圆锥形,高大挺拔富有特色。一些高层建筑小区的立体空间都会用高大的乔木来衬托。对于建筑中有西晒的墙壁,如果种植树叶密集的乔木可以遮挡西晒的阳光,起到防晒隔热的作用,降低室内温度,减少能源消耗。可选择雪松、竹林、水杉、夹竹桃等枝叶丰满的种类。

乔木的巨大体积使其对园林的形象和空间的安排有极大的影响力,其他植物难以与之相提并论,另外,乔木在种植设计上能够起到骨架的作用。乔木可以遮挡视线、划分空间。乔木的密集排列栽植可形成绿篱墙的效果,围合不同的空间,同时也可以起到一定的私密作用。

乔木还可以在垂直面上形成封闭,造成边界感,但这种边界往往是模糊的,人们还可以看到"界线"另一侧的景物。特别是在树冠较低,形成阴暗前景的时候会起到"洞窗"的作用,突出它后面的明亮景物。当两个空间需要分开而又不必完全封死时,就可以栽种乔木。

由于乔木容易超出事先考虑的范围并压制其他较弱的要素,在面积不大的空间设计里应慎重使用。在高大的建筑和开阔的地形上,大乔木对空间的组织起着不可替代的作用。

2. 灌木

在园林中,灌木品种繁多,树姿、花形、花色丰富多彩,通常可以按其是否常绿和落叶属性进行划分。灌木一般生长比较缓慢,围绕在人们身边,让人有融入自然的亲切感,在植物景观设计时被广泛使用。灌木的特性是可以增添栽植的层次感,装饰建筑的墙角、墙根,弥补乔木树干单一的不足。常绿的灌木一般用来做绿篱,起到划分空间或分隔植物带及装饰路牙的作用。

灌木的树姿形态没有乔木那么丰富,但也有自身的特色。有的是枝条修长的蔓生下垂式植物,如常春藤、金雀花、迎春花、云南黄馨等。还有枝条长而上扬的灌木,如金边黄杨、小叶黄杨、紫叶小檗等。灌木中还有一些耐修剪的植物,如海桐、黄杨等,这些耐修剪的植物装饰几何形态空间具有很大的优势,适合几何式花园,也适合作为整齐的绿篱,可将灌木修剪成球体,使其大小不一,色彩不同,具有活泼的滚动感,在公园绿地上起到点缀作用。高低不一的灌木绿篱可形成植物阶梯状色带,层次分明,具有独特的装饰性,适合设置在街道、公园、滨江大道等场地。

灌木还应当包括尖塔形和椭圆形树冠的常绿乔木。因为它们所起的严密分割空间的作用是相同的。如果借用建筑的说法,乔木对空间的分隔像"敞廊"一样,比较通透,而灌木的分隔与墙的作用基本相当。这也决定了它对于噪声之类的干扰源有较强的防护性能。灌木生长快,大苗移栽容易,便于早日达到理想的设计效果。作为隔景使用的树种枝条开张角度宜小不宜大,以常绿树为佳。灌木还可以作为花卉、地被的背景,因其本身有较高的观赏价值,也常布置在路边,以利于游人欣赏。大小不同的常绿灌木和落叶灌木可以构成丰富多彩的景观画面,与乔木组合可增强立面的层次感,弥补乔木树干下的单调和不足,丰富树干高度的空间。还能使整体植物空间更加多姿多彩,提高植物景观的观赏价值。

3. 地被

地被的高度通常在 30 厘米以内。由于其本身观赏价值有限,主要用来烘托环境

气氛。它和乔木一样虽不能完全遮断视线却可以对空间的边界有暗示、强调的作用,只不过一个由上而下,另一个由下而上地进行着这种“启发”。地被和水体有类似的地方,即它们都可以让视线通过却不能供人穿行。乔木对远观效果影响较大,灌木则宜于近赏。

地被植物还可用于联系和统一较大体量的植物,特别是当它们之间差异过大的时候。就如同乔木行道树在巨大的建筑物之间所起的作用一样,矮小的灌木也是如此。

与建筑图案式的美丽相比,植物给人的往往是不为人所重视的自然氛围。如今,提高绿地质量已成为全社会的共识。从结构上看,乔木、灌木、草本多层绿化正在成为人们追求的目标。这一过程中也有走向另一个极端的倾向:植物过密、种类过多则难以形成明确的空间。用不同配置的乔木、灌木等来分隔空间,可将大空间组织成不同的空间形式,如闭锁空间(也称封闭空间)(见图 4-56),以及半开敞空间(见图 4-57)和开敞空间(见图4-58)。

图 4-56 闭锁空间(作图:邹晓雯)

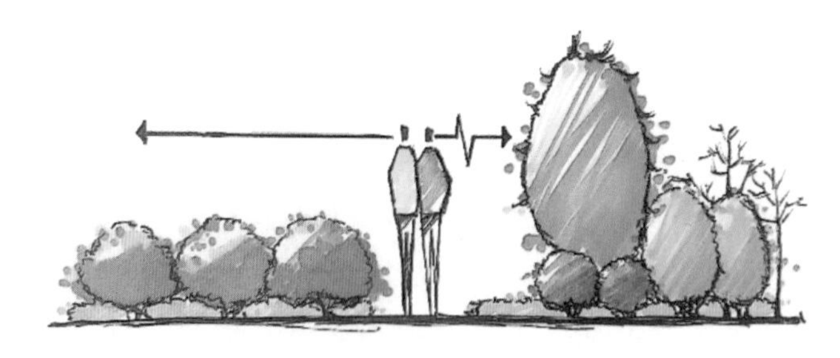

图 4-57 半开敞空间(作图:邹晓雯)

图 4-58 开敞空间(作图:邹晓雯)

(六)植物种植设计的注意事项

1.大乔木应无条件保留

大乔木具有十分重要的生态、景观、经济、人文和科研价值,是其他园林植物无法替代的。大乔木具有很高的生态价值,在植物中,大乔木的绿量和生态效益最高。据测定,一株大乔木的绿量,相当于50—70平方米草坪的绿量。

大乔木在夏日可以遮挡骄阳,冬季可以阻挡寒风,能够有效地改善区域小气候。景观方面,大乔木作为园林绿地景观的骨架,一般生长健壮,树姿优美,可形成一道靓丽的风景,对园林空间的组织起着不可替代的作用。而当大乔木达到一定的树龄或成为古树后,其历史意义、人文意义和研究意义就更加不可小觑了,其蕴涵着丰富的文化内涵、为名胜古迹增添佳景,也能为研究古气候、古地理提供宝贵资料,还能为园林树种规划提供极高的参考价值。所以,当大乔木生长已达到设计效果时,应将其视为周围建筑社区和人们生活的一部分,并无条件地进行保留,不得随意移植和破坏。

2.严控大量铺设单一草坪

一些园林景观设计者为了达到绿化标准,也为了取得很好的视觉效果,广植草坪。但盲目大量铺设种类单一的草坪,过分强调草坪的视觉效果,则无法形成乔、灌、草等组成的植物群落和生态循环系统,削弱了园林绿地的生态效益。在夏季,茂密的森林往往比空旷场地气温低3—5 ℃,冬季则高2—4 ℃。1棵大树昼夜的调温效果相当于10台空调机工作20小时。树木的生态效能要远远大于草坪,这种重草轻树和重观赏效果、轻生态实效的做法并不可取。

盲目大量铺设单一草坪,虽能丰富视觉效果,却会占用大量园林绿地面积,使人无法进入绿化环境空间。园林绿化环境本身是为游人提供环境优美、生态和谐的户外活动空间,但大面积的草坪绿化景观既无法满足游人的这种需求,也无法满足人们回归自然的心理需求。一些园林绿地中以草代木现象严重,大草坪+草花或大草坪+点景树的种植模式大量应用,这种绿化形式导致绿化结构过于单一,植物复合群落的生态效能低下。

目前,许多城市新建的园林绿地中,把草坪多、林木少看作“洋化”“设计新”“水平高”的典范,大加推崇,这种大量铺设单一草坪的设计是不可取的,需要严控。

3.绿篱的使用宜慎重

园林绿地中对绿篱的使用有着悠久的历史,绿篱在室外的空间组织上仍发挥着重要作用。矮绿篱多作为模纹花坛,能使中层植物的景观效果得到充分展现。高绿篱可以高达三四米,具有整齐而又可灵活配置的特点,能够充分体现出室内空间到室外空间的过渡变化。园林植物群落景观常用绿篱、花卉和地被植物的多种搭配作为前景;中景为造型美观、富有观赏特色的乔木;背景是高大树群。

由此可见,绿篱在植物群落景观中具有重要的作用。绿篱可分隔空间和屏蔽视线,作为规则式园林的区划线,作为花境、喷泉、雕像的背景,美化挡土墙等。

但如今许多园林绿地中的绿篱仅起到了防护作用,配置形式较为单一,并没有充分发挥绿篱应有的景观功能和生态功能,因此在园林植物种植设计中应充分发挥绿篱的作用,凸显其特色。

4.适当使用灌木

灌木以其色彩变化丰富、见效快而大量应用，特别是在提倡乔、灌、草搭配时更应注意不要产生负面作用。在失败的园林案例中常常可以看到：高到没膝的杂草中乔木长势衰弱；灌木却不受控制地生长，占据着为游人设计的空间，遮挡着人们的视线。只有当需要封闭空间（如在座椅背后）或重点观赏时，灌木的作用才能充分得以体现。某些小乔木在使用时也会产生类似问题，如龙爪槐常成行成列地栽种在宽阔的道路边，低矮窄小的树冠不能提供遮阳反而让人有一种空间压抑感，驱使人匆匆而过，不会停下来细细观赏。

植物的高水平配植有一定难度，但不能机械地照搬一些构图方法，要通过一些塑造手段进行，大致地创造出不十分确定的空间，这种空间常不作为主景出现，给人的影响多是潜移默化的。材料上不要为了使用而使用，使用的目的是使材料的特点得以充分发挥。

植物在风景园林中的作用还有很多，而我国历史上对树木的生态功能和群体美的认识不足。江南园林在孤植、丛植上虽然经验丰富，但与当今风景园林的使用方式差别较大，特别是在植物空间的塑造方面尚处于探索之中，绝大多数园林植物景观作品还不成熟，需要在对植物的认识和培育上取得进展，勇于创新，使风景园林尽快发展，与时俱进。

5.建设时结合需要使用不同规格的苗木

园林植物应用，如果能直接使用大苗，固然可以达到快速成景的效果，但这会增加苗木的成本；种植小规格的苗木，可降低单位面积的绿地造价，还能在较长一段时间内节约维护资金，具有长远性。因此，如果不是要求在短期内立刻见到效果，并且要考虑投入的话，选用大苗和小苗相结合的方式，既能在短期内形成一定的景观，又能考虑长短期的结合。

二、植物种植设计的基本形式与类型

（一）植物种植设计的基本形式

1.规则式

规则式又称整形式、几何式、图案式等，是指园林植物成行成列等距离排列种植，或做有规则的简单重复。种植形式多为绿篱、整形树、模纹景观及整形草坪等。花坛布置以图案式为主，花坛多为几何形，或组成大规模的花坛群；草坪平整而具有直线或几何曲线型边缘等。通常运用在规则式或混合式布局的园林环境中，具有整齐、严谨、庄重等特点。

规则式又分规则对称式和规则不对称式两种。规则对称式指植物景观的布置具有明显的对称轴线或对称中心，树木形态一致，或人工整形，花卉布置采用规则图案。规则对称式种植常用于纪念性园林、大型建筑物环境、广场等规则式园林绿地中，具有庄严、雄伟、整齐、肃穆的艺术效果，有时也显得压抑和呆板。规则不对称设计没有明显的对称轴线和对称中心，景观布置虽有规律，但也有一定变化，常用于街头绿地、庭院等。

Note

2. 自然式

自然式又称风景式、不规则式，是指植物景观的布置没有明显的轴线，各种植物的分布自由变化，没有一定的规律性。树木种植无固定的株行距，形态大小不一，充分发挥树木自然生长的姿态，不求人工造型；充分考虑植物的生态习性，植物种类丰富多样，以自然界植物生态群落为蓝本，创造生动活泼、清幽典雅的自然植被景观。如自然式丛林、疏林草地、自然式花境等。自然式种植设计常用于自然式的园林环境中，如自然式庭园、综合型公园的安静休息区、自然式小游园、居住区绿地等。

3. 混合式

混合式是规则式与自然式相结合的形式，通常指群体植物景观（群落景观）。混合式植物造景就是吸取规则式和自然式的优点，既有整洁清新、色彩明快的整体效果，又有丰富多彩、变化无穷的自然景色；既有自然美，又兼具人工美。

（二）植物种植设计的类型

1. 根据植物应用类型分类

1）树木种植设计

树木种植设计是指对各种园林树木（包括乔木、灌木及木质藤本植物等）景观进行设计。树木种植设计具体按景观形态与组合方式，可以分为孤植树、对植树、树列、树丛、树群、树林、树篱及整形树等景观设计。

2）草花种植设计

草花种植设计是指对各种草本花卉进行造景设计，着重表现园林草花的群体色彩美、图案装饰美，并具有烘托园林气氛、创造花卉特色景观等作用。具体设计造景类型有花坛、花境、花台、花池、花丛、花箱、花钵等。

3）蕨类与苔藓植物设计

利用蕨类植物和苔藓类植物进行园林造景设计，可创造出朴素、自然和幽深宁静的艺术境界，这种设计多应用于林下或阴湿环境中。选用的植物如贯众、凤尾蕨、肾蕨、波士顿蕨、翠云草、铁线蕨等。

2. 按植物生境分类

植物种植设计按植物生境不同，分为陆地种植设计、水体种植设计两大类。

1）陆地种植设计

园林陆地环境植物种植，内容极其丰富，一般园林中大部分的植物景观属于这一类。陆地生境地形有山地、坡地和平地三种，山地宜用乔木造林，坡地多种植灌木丛、树木地被或草坡地等，平地宜做花坛、草坪、花境、树丛、树林等各类植物造景。

2）水体种植设计

水体种植设计是对园林中的湖泊、溪流、河沼、池塘以及人工水池等水体环境进行植物造景设计。水生植物虽没有陆生植物种类丰富，但也颇具特色，历来被造园家所重视。水生植物造景可以打破水面的平静和单调，增添水面情趣，丰富园林水体景观内容。

水生植物的划分方式有多种，依据其生活习性和生长特性不同，可分为沼生植物、浮叶水生植物和漂浮植物三类。依据植物叶片与水面的关系，可以分为沉水植物、浮水植物、挺水植物和漂浮植物。

三、乔灌木的种植设计

（一）乔灌木的使用特性

乔木和灌木都是直立的木本植物，在园林绿化综合功能中居于主导地位。它们在园林绿地中所占比重较大，是园林的骨架。

乔木和灌木之间有显著差别。乔木树形高大，寿命较长，树冠占据的空间大，而树干占据的空间小，因此不妨碍人们在树下的活动；乔木的形体、姿态富有变化，枝叶的分布比较空透，在改善小气候和环境卫生方面有显著作用，有很好的遮阳效果；在造景上乔木也是多种多样、丰富多彩的，从郁郁葱葱的林海、优美的树丛，到千姿百态的孤立树，都能形成美丽的风景画面。在风景园林中，乔木既可以成为主景，又可以组织空间和分离空间，还可以起到增加空间层次和屏障视线的作用。因乔木有高大的树冠和庞大的根系，故一般要求种植地点有较大的空间和较深厚的土壤。

灌木树形矮小，多呈丛生状无独立主干，寿命较短，树冠虽然占据纵向空间不大，却是人们活动的空间范围。因此，它对人活动空间的影响比乔木大。灌木枝叶浓密丰满，常有鲜艳美丽的花朵和果实，形体和姿态也有很多变化；在防尘、防风沙、护坡和防止水土流失方面有显著作用，并可做地面掩护的伪装；在造景方面，可以增加树木高低层次的变化，可作为乔木的陪衬，也可以突出表现灌木在花、果、叶观赏上的效果；灌木也可用于组织灌木和分隔较小的空间，阻拦较低的视线；灌木，尤其是耐阴的灌木，与大乔木、小乔木和地被植物配合起来成为主体绿化的重要组成部分。灌木由于树冠小，根系有限，因此对种植地点的空间要求不大，土层也不需要很厚。

（二）乔灌木种植的类型

园林植物的种植形式，称作配置方式。树木的配置，是以乔木和灌木为主，配置成具有各种功能的树木群落，分规则式配植和自然式配植两种，具体形式有：孤植、对植、列植、丛植、群植、片植等，这些形式各有其特点和适用范围。选择枝叶茂密、树形美观、规格一致的树种，配置成整齐、对称的几何图形的配置方式，即为规则式配置。

1. 孤植

在一个开旷的空间，如一片草地、一个水面附近，远离其他景物，种植一株姿态优美的乔木或灌木，即为孤植。孤植树的树形应具备一定姿态，如挺拔雄伟、端庄、展枝优雅（见图 4-59）、线条宜人（见图 4-60）等，或具有美丽的花朵与果实。

孤植是将树木以独立形态展示出来的种植形式，此树又称孤立树、孤植树，不论其功能是遮阴与观赏相结合或者主要用于观赏，都要求有突出的个体美。可以是一株或两三株同种树木紧密种在一起。它既可单纯为突出构图服务，又可兼顾遮阴要求。不同于树丛树群对群体美的追求，孤植表现的是个体美。或是体形巨大，或是轮廓变化丰富，或是花艳味浓，抑或以上特点兼而有之的树木，都可作为孤植树。若要满足遮阴要求，还应树冠开阔，无根蘖及毒副作用。主要为构图服务的孤植树在 4 倍树高的范围内要尽量避免被其他景物挡住透视线，可种在大草坪、水边等开阔地带的自然重心（而非

Note

图 4-59 展枝优雅的孤植树

图 4-60 线条宜人的孤植树

几何中心)处,便于和环境呼应。在小空间内树的体量不宜过大,如假山上的孤赏树宜古宜盘,不需过于挺拔高耸。当园林面积小而又想种植大树时,可布置在角落或其他可以拉大视距之处,这时不必苛求在别的方向上也有良好视点。孤植树还可用作强调,在桥头水湾、亭廊院落里出现。孤植树之“孤”表现在给人的感受上,有时在特定的条件下,也可以是两株或三株,紧密栽植,组成一个单元。但必须是同一树种,株距不超过1.5米,远远看起来和单株栽植的效果相同,可在较大的空间内加强视觉效果。

2. 对植

对植(见图4-61、图4-62)是指用两株或两丛树按照一定的轴线关系,以相互呼应之势种植在构图中轴线的两侧,以主体景物中轴线为基线而取得景观的均衡关系,此种植方式称为对植,主要用于强调公园、道路、广场等的入口,同时结合遮阴、休憩功能,在空间构图上是作为配景用的,适于布置在草坪、路旁,应在姿态、大小方面有一定的差异,或一仰一俯,或一斜一直、一高一低,以显其生动自然。其栽植距离不超过两棵植株成年期树冠半径之和;距离小则没有太多的限制。对植包括对称种植和非对称种植两种形式。

图 4-61 对植(一)

图 4-62 对植(二)

3. 列植

列植是指乔灌木按一定的株行距成行成排地种植,或在行内株距有变化。列植形成的景观比较整齐、有气势。它是规则式园林绿地中应用最多的基本栽植形式,如道路广场、工矿区、居住区、办公大楼绿化。在自然式绿地中,列植多用在行道树、林带、河边与绿篱的树木栽植。列植具有施工管理方便的优点。

列植宜选用树冠体形比较整齐的树种，如圆形、卵圆形、倒卵形、椭圆形、塔形、圆柱形（见图 4-63）等，而不选枝叶稀疏、树冠不整形的树种。

图 4-63 圆柱形树种列植

4. 丛植

丛植是指数目为 2—10 株，由具有较为独特的个体美的乔木所组成的以表现群体美感为主的种植形式，是城市绿地内植物作为主要景观布置时很常见的形式，多布置在庭院绿地中的路边（见图 4-64）或草坪上，或建筑物前庭的某个中心。

图 4-64 庭院绿地路边的丛植

5. 群植

以一两种乔木为主体，与数种乔木和灌木搭配，组成较大面积的树木群体，称为群植或树群。组成树群的单株树木数量一般为 20—30 株。树群所表现的，主要为群体美，树群也像孤立树和树丛一样，是构图上的主景之一。因此，树群应该布置在有足够距离的开敞场地上，例如靠近林缘的大草坪、宽广的林中空地、水中的小岛屿、水面宽广的水滨（见图 4-65）、小山坡、土丘等。树群主要立面的前方，应至少在树群高度的 4 倍、树群宽度的 1.5 倍上留出空间，以便游人欣赏。

树群规模不宜太大，在构图上要四周空旷，树群组成的每株树木，在群体的外貌上都要起到一定作用，树群的组合方式，最好采用郁闭式，成层地结合。树群内通常不允许游人进入，游人也不便进入，因此不利于作遮阴休憩之用，但是树群的北面，树冠开展

图 4-65 水滨旁的群植

的林缘部分，仍然可供遮阴休憩。树群常用作树丛的衬景，或在草坪和整个绿地的边缘种植。树种的选择和株行距可不拘格局，但立面的色调、层次要求丰富多彩，树冠线要求清晰而富于变化。

6. 绿篱

凡是由灌木或小乔木以近距离的株行距密植，栽成单行或双行紧密结构的规则式种植，称为绿篱（绿墙）。

根据高度的不同，绿篱可以分为树墙、高绿篱、绿篱和矮绿篱四种（见图 4-66）。其功能可作用主要是起到防范、避免动物游人穿行、导游、分隔空间、屏障视线、美化挡土墙等作用。

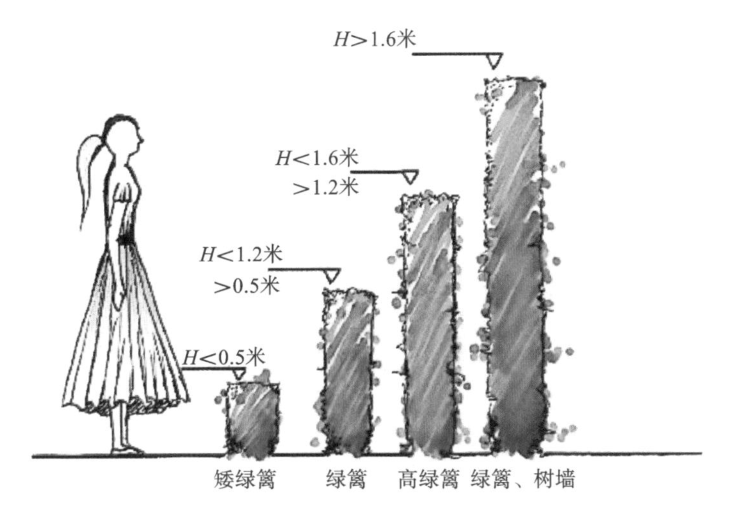

图 4-66 矮绿篱、绿篱、高绿篱等高度图（作图：邹晓雯）

四、花卉的种植设计

花卉种类繁多，色彩鲜艳，种植养护容易，生长周期短。因此，花卉是园林绿地中经常用作重点装饰和色彩构图的植物材料。在绿树成荫的园林中和城市的林荫路上，布置艳丽多姿的露地草花，可使园林和街景更加丰富多彩。露地花卉，除供人们欣赏其单株的艳丽色彩和婀娜多姿的形态之外，还可以群体栽植，组成变幻无穷的图案和多种艺术造型。这种群体栽植形式，可分为花坛、花境、花丛、花池和花台等。花卉常用作强调出入口的装饰，广场的构图中心，公共建筑物附近的陪衬和道路两旁及拐角、树林边缘的点缀。花卉在烘托气氛、丰富景色方面有独特的效果，也常配合重大节日使用。花卉是一种费钱、费工的种植材料，寿命比较短，观赏期也比较短，而且养护管理要求精细，所以在使用时一定要从实际出发，根据人力、物力适当应用。多选用费工少、寿命长、适合粗放式管理的花卉种类，如球根花卉和宿根花卉等。

（一）花坛

花坛具有浓厚的人工气息，属于另一种艺术风格，在园林绿地中往往起到画龙点睛的作用，应用十分普遍。花坛是以活的植物组合而成的装饰性图案，其装饰性是通过花卉群体在平面上产生的色彩对比而呈现的。花卉植物个体的线条、体形、姿态以及其花叶颜色之美，都不是花坛所要表现的主题。

花坛大多布置在道路交叉点、广场、庭院、大门前的重点地区，主要在规则式（或称整形式）布置中应用，有单独或连续带状及成群组合等类型。外形多样，内部花卉所组成的纹样，多采用对称的图案。花坛要求经常保持鲜艳的色彩和整齐的轮廓，因此，多选用植株低矮、生长整齐、花期集中、株丛紧密、花色艳丽（或观叶）的种类，一般还要求便于经常更换及移栽布置，故常选用一、二年生花卉。花坛的种类可以按照花坛形状、位置、应用的植物材料、作用等进行划分。

花坛的类型多种多样，常见的有圆形花坛（见图 4-67）、三角形花坛、长方形花团、菱形花坛等，这些是较为基本的花坛分类。

图 4-67　圆形花坛

（二）花台

花台是我国传统的花卉布置形式，常见于古典园林中，是将花卉栽植于高出地面的台座上，类似花坛而面积通常较小。其特点是整个种植床高出地面很多，而且可以成层叠置，由于土高易崩，所以常以山石或砖作边缘维护，在自然式布局中多以自然山石作为边缘进行维护。花台因距地面较高，排水条件好，又缩短了花卉与人的观赏视距，故常建在适于近距离观赏的地方，如可设置于庭院中间或两侧角隅，也有与建筑相连且设于墙基、窗下或门旁（见图 4-68、图 4-69）。花台用的花卉因布置形式及环境风格而异，如我国古典园林及具有民族风格的建筑庭院内，花台常布置成“盆景式”，以松、竹、梅、杜鹃、牡丹等为主，配饰山石小草，重姿态风韵，轻色彩的华丽。花台以栽植草花做整体形式布置时，其选材基本与花坛相同。由于花台通常面积狭小，一个花台内常布置一种花卉，因台面高于地面，故应选用株形较矮，繁密匍匐或茎叶下垂于台壁的花卉，宿根花卉中常被选用的如玉簪、芍药、萱草、鸢尾、白银芦、兰花等，迎春花、月季、杜鹃等花卉也常用作花台布置。

图 4-68 花台（一）

图 4-69 花台（二）

（三）花丛

为了把树群、草坪、树丛等自然式种植的景观互相连接，形成整体布局，借鉴自然风景中野花散生的景观，在它们之间栽种成丛或成群的花卉，叫作花丛。这也是将自然风景中野花散生于草坡的景观应用于园林。常布置于开阔草坪的周围，使林缘、树丛、树群与草坪之间有联系和过渡，也有的布置于自然曲线道路转折处或点缀于小型院落及铺装场地（包括小路、台阶等）之中。花丛是自然式花卉布置中最小的单元组合，每个花丛一般有 3—5 株花卉，多的也可以有十几株花卉。可以是同一种类，也可以是不同种类混合，以选用多年生、生长健壮的宿根花卉或球根花卉为主，也可以选用野生花卉和自播繁衍的一、二年生花卉，花丛在经营管理上是很粗放的，可以布置在树林边缘或自然式道路两旁。

花丛与花群大小不拘，简繁均宜，株少为丛，丛连成群。一般丛群较小者组合种类不宜多，在花卉的选择上，高矮不限，但以茎干挺直、不易倒伏（或植株低矮，匍地而整齐）、植株丰满整齐、花朵繁密者为佳。

花丛从平面轮廓到立面构图都是自然的，同一花丛内种类要少而精，形态和色彩要有所变化，各种花卉以块状混交为主，并要有大小、疏密、断续的变化。

混交花丛内种类要少而精，且形态、色彩、疏密要有所变化，并应考虑季节变化。花丛的种植品种以宿根或球根花卉为佳，常选用的有紫茉莉、荷兰菊、早小菊、水仙、风信子、鸢尾、金光菊等。

花丛一般配置在林缘或自然道路两旁，没有明显界限，也没有镶边植物。在铺装地

面时也可单丛种植。在栽植时要避免规则式种植，应采取有疏有密的自然式种植，花丛在管理上比较粗放。

(四)花篱、花门、花架

设置花篱(见图 4-70)、花门(见图 4-71)、花架(见图 4-72)是利用攀缘花卉进行垂直绿化和美化的一种形式。这种形式不仅可充分利用空间，而且具有掩蔽、防护作用，有时也成为局部空间构图的焦点，起点缀作用，并能给人们提供休息和纳凉的场所。可沿栏杆或篱栅、矮墙种植攀缘花卉，以形成花篱。应根据篱笆、栏杆的牢固度选择种植草本或木本的攀缘花卉，如茑萝、牵牛花、香豌豆、葫芦、丝瓜、苦瓜、啤酒花、何首乌、瓜蒌等。木本攀缘花卉有木香、络石、蔷薇、爬藤月季、凌霄、金银花、木通、串果藤、南蛇藤、素馨花、三角花等。

图 4-70 花篱

图 4-71 花门

图 4-72 花架

花门、花架配置攀缘花卉时一般采用同一品种，一株或数株植于棚架上或门旁。为了弥补木本花卉短期内不能覆盖棚架的不足，可以临时在棚架周围种植草本花卉，如茑萝、牵牛花、香豌豆等。适于棚架、花门栽种的木本花卉有紫藤、蔷薇、藤本月季、鸡血藤等。

Note

第四节 建筑

景观设计中常见的建筑物有亭、榭、廊、阁、轩、楼、台、舫、厅、堂等，这些建筑相比山、水、植物，较少受到条件的制约，也是景观设计中运用较为灵活、积极的方式。

一、景观设计中建筑的作用

（一）满足功能要求

建筑可作为人们休憩、游览、娱乐等的场所，同时其本身也是被观赏的对象，可以点缀风景园林景色。随着风景园林活动内容的日益丰富，风景园林类型的增加，出现了多种多样的建筑类型，满足着各种活动的需要，如展览馆为展览需求而设置，同时也是人们休憩、纳凉、赏景的场所。

（二）满足造景需要

1.点景

点景即点缀风景，风景园林建筑与山水、植物相结合，构成了美丽的风景画面，建筑常成为风景园林景致的构图中心或主题，具有“画龙点睛”的作用，以优美的风景园林建筑形象，为风景园林景观增色生辉。

2.赏景

赏景即观赏风景。以建筑作为观赏园内或园外景物的场所，一幢单体建筑，往往成为静观园景画面的一个欣赏点；一组建筑常与游廊、园墙等连接，构成观赏园景全貌的一条观赏线。因此，建筑的朝向、门窗的位置和体量的大小等，都要考虑到赏景的需求，如视野范围、视线距离，以及群体建筑布局中建筑与景物的围、透、漏等关系。

3.引导游览路线

游人在风景园林中漫步游览时，按照园路的布局行走，建筑会比园路更能吸引游人。当人们的视线触及某处外形优美的建筑时，游览路线就会自然地顺着视线而发生变化，建筑常成为视线引导的主要目标。游人每走一步都会欣赏到不同的风景画面，也会产生“步移景异”的效果。

4.组织和划分

在景观设计中，建筑具有组织空间和划分空间的功能作用。我国一些较大的风景园林，会为满足不同的功能要求而创造出丰富多彩的景观氛围，通常把局部景区围合起来，或把全园的空间划分成大小、明暗、高低等有对比、有节奏的空间体系，彼此互相衬托，从而形成各具特色的景区。如中国古典园林常采用廊、墙、栏杆等长条形状的建筑来组织。

二、景观设计中建筑的类型

1.游憩类建筑

这类建筑主要指供游人游览、点景和休息用的建筑，它有简单的使用功能，但更强

调造景的作用，既是景观又是休憩、观景的场所，建筑造型要求高，它是园林绿地中最重要的建筑。常见的有亭、廊、榭、舫以及园桥等。

2.服务类建筑

服务类建筑是在游览途中为游人提供生活服务的建筑，如小卖部、茶室、小吃店、餐厅、接待室、小型旅馆及公共厕所等。

3.文化娱乐类建筑

文化娱乐类建筑是供风景园林开展各种活动的建筑，如码头、游艺室、俱乐部、演出厅、露天剧场、各类展览馆、阅览室，以及体育场馆、游泳池及旱冰场等。

4.管理类建筑

管理类建筑如公园大门、办公室、实验室及栽培温室等。此外，还有一类较特殊的建筑，即动物兽舍。

5.风景园林建筑装饰小品

此类小品虽以装饰园林环境为主，注重外观形象的艺术效果，但同时兼有一定的使用功能，如花架、座椅、园林展牌、景墙、栏杆、园灯等设施。

三、风景园林建筑的设计

（一）亭

无论是在中国古典园林中，还是在现代风景园林中，亭是很常见的风景园林建筑。亭具有休息、赏景、点景等功能，亭可防晒、避雨、消暑纳凉，是风景园林中游人休憩之处。亭还是风景园林中凭眺、畅览风景园林景色的赏景点，如中国的四大名亭有安徽滁州醉翁亭、北京西城陶然亭、湖南长沙爱晚亭（见图 4-73）和浙江杭州湖心亭。

图 4-73 爱晚亭

1.亭的类型

按照屋顶的类型来分，亭有单檐、重檐、攒尖、歇山、卷棚、庑殿、盝顶、十字顶、悬山顶、平顶等；按照平面形式来分，亭有三角亭、方亭、长方亭、半亭、扇形亭、园亭等形式；按照平面组合形式来分有单亭、组合亭、与廊墙相结合等形式；如果从材料上来分，又有木亭、石亭、竹亭、茅草亭、铜亭等，现代还有采用钢筋混凝土、玻璃钢、膜结构、环保技术材料等建造的亭子。（见图 4-74、图 4-75）

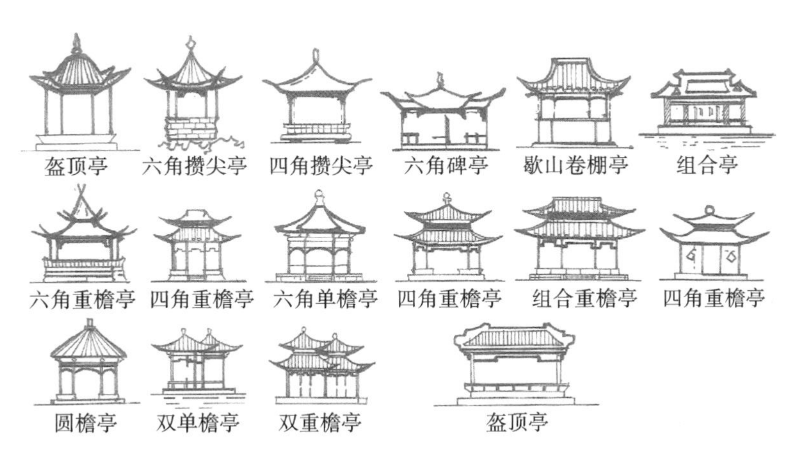

图 4-74 亭的屋顶形式(作图:周薇)

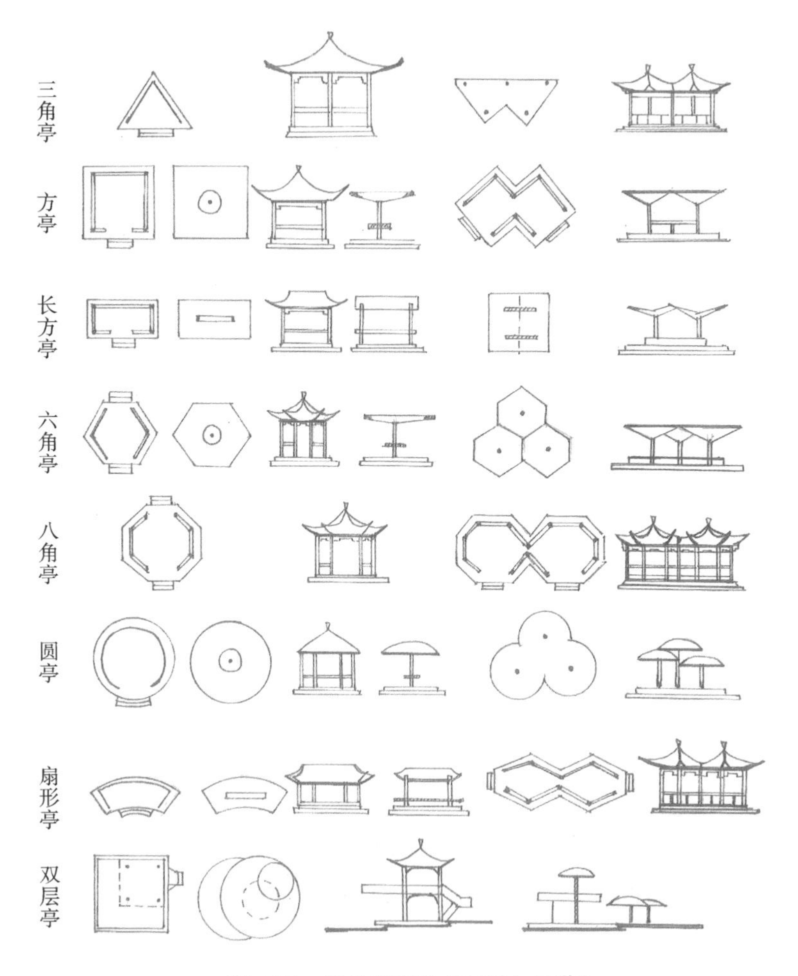

图 4-75 亭的平面形式(作图:周薇)

2. 亭的位置选择

1)山上建亭

山上建亭可使亭中游人视野开阔,山上亭适于登高远望,能突破山形的天际线,丰

富山形轮廓。尤其游人行至山顶需稍作休息，山上设亭是提供休息的重要场所。但对于不同高度的山，建亭位置亦有所不同。

2)临水建亭

一般临水建亭，有一边临水、多边临水或亭完全入水中、四周被水环绕等多种形式，小岛上、湖心台基上、岸边石矶上都是临水建亭之所。在桥上建亭，可使水面景色锦上添花，并增加水面空间层次，如扬州瘦西湖的五亭桥(见图 4-76)。

图 4-76　扬州瘦西湖的五亭桥

3)平地建亭

平地亭更多是供游人休息、纳凉、游览之用，应尽量结合各种风景园林要素，如山石、树木、水池等，构成各具特色的景致，更可在道路的交叉点结合游览路线建亭，引导游人游览及休息；在绿地、草坪、小广场中可结合小水池、喷泉、山石修建小型亭子，以供游人休憩。此外，园墙之中、廊间尽端转角等处，也可用亭来点缀。

4)亭的设计要求

亭的色彩设计，要依据当地的风俗、气候与爱好，必须因地制宜、综合考虑。亭的造型体量应与风景园林性质和它所处的环境位置相适应。但一般亭以小巧为宜，体型小会让人有亲切感。单亭直径一般要求 3—5 米，高大于等于 2.3 米。如果体量需要很大，可以采用组合亭的形式，如北京北海公园的五龙亭(见图 4-77)。

图 4-77　北京北海公园的五龙亭

(二)廊

确切地说,廊并不能算作独立的建筑,它只是作为防雨防晒的室内外过渡空间,后发展成为建筑之间的连接通道。廊作为空间联系和划分的一种重要手段,广泛应用于景观设计中,它同时具有遮风避雨、联系交通的实用功能。

1.廊的类型

按位置不同,廊可分为爬山廊、水廊和平地廊;依结构形式,廊可分为空廊、单面廊和复廊;依平面形式,廊可分为直廊、曲廊和网廊等。

空廊是只有屋顶用柱支撑、四面无墙的廊。在风景园林中,廊既是通道又是游览路线,能两面观景,又可在园中分隔空间,如北京颐和园的长廊(见图4-78)。

图4-78 北京颐和园长廊

单面廊为一侧通透,面向园林区;另一侧为墙或建筑所封闭。这样可观赏一面空间,另一面可以完全封闭,也可半封闭,还可设置花格或漏花窗,且单面墙也不一定总设在一面,还可左右变换。北京颐和园的玉澜堂就有一段这样的廊,人走廊中有步移景异、空间变化的效果。

复廊又叫两面廊,中间设分隔墙,墙上设各式漏花窗。这种廊可分隔两面空间,如苏州沧浪亭临水一面的围墙就采用复廊的形式,这种设计可使人产生园内外景色都没有围墙的感觉,实现了园内外景观的互相渗透,是小中见大的空间处理手法。

2.廊的设计

1)廊的选址及布置

廊的选址及布置应随环境地势和功能的需要而定,要曲折有度、上下相宜,一般最忌平直单调。造型上以玲珑轻巧为佳,尺度不宜过大,立面多选用开敞式。

2)廊的建筑尺寸

廊的开间应在3米左右,一般横向净宽为1.2—1.5米,而现在建的一些廊的宽度常在2.5—3米,以满足客流量增长的需要。廊的檐口距地面高度一般2.4—2.8米。廊顶设计为平顶、坡顶、卷棚均可。

(三)榭

榭的结构依照自然环境不同而有各种形式,如有水榭、花榭等之分。隐约于花间的

称之为花榭，临水而建的称之为水榭。现今的榭多是水榭，平面多为长方形，屋顶常用卷棚歇山顶，有平台伸入水面，平台四周设置低矮栏杆，建筑开敞、通透。水榭主要供人们游憩、眺望，还可以点缀风景，如苏州网师园的濯缨水阁（见图 4-79）、佛山梁园荷香水榭等。

图 4-79　网师园的濯缨水阁

榭的设计要点如下：

1. 水榭的位置宜选在水面有景可借之处

水榭的选址要考虑到对景、借景，并在湖岸线突出的位置为佳。水榭应尽可能突出池岸，形成三面临水或四面临水的形势。如果建筑不宜突出池岸，也应将平台伸入水面，作为建筑与水面的过渡，以便游人身临水面时有开阔的视野，使其身心舒畅。

2. 榭在造型上应与水面、池岸相互融合，以强调水平线条为宜

建筑物贴近水面时，要适时配合以水廊、白墙、漏窗，平缓而开阔，再配几株翠竹、绿柳，可以在线条的横竖对比上取得较为理想的效果。建筑的形体以流畅的水平线条为主，简洁明了。

3. 榭的朝向颇为重要

建筑切忌朝西，因为榭的特点决定了建筑物应伸向水面且四面开敞，又难以得到绿树遮阴。

（四）堂

堂的室内空间较大，门窗装饰考究，造型典雅、端庄，前后多置花木、叠石，使人置身堂内就能欣赏风景园林景色。古代，常将屋前面的半间空出作为堂。“堂”有“当”的意思，即位于居中的位置，向阳之屋，有“堂堂高大、开敞”之意。所以一般的堂多朝南，房子显得高大宽敞。堂在风景园林建筑中往往为主体建筑，为园的中心空间。如苏州沧浪亭有明道堂，位于大假山之北，朝南而立，对面即大假山，中轴线布局，堂后一个小院，再往北为一小轩“瑶华境界”，与之对景。

（五）楼阁

楼阁多为二层，也有三五层的，在我国古代属高层建筑，亦为风景园林常用的建筑类型。与其他建筑一样，楼阁除一般的功能外，在景观设计中还起着观景和作为景观两

个方面的作用(见图 4-80)。

观景方面,于楼阁之上四望,不仅能俯瞰全园,还可以远眺园外的景致,所谓“欲穷千里目,更上一层楼”即为此意。

作为景观方面,楼阁往往是画面的主题或构图的中心。例如,北京颐和园的佛香阁高踞于万寿山巅南侧,登阁周览,眼前是昆明湖千顷碧波;四有延绵的西山群岭以及玉泉山、香山的古刹塔影,无限风光尽收眼底。而此阁作为园中主要的对景,在万寿山南麓以南随处可见其高耸的身影,它不但打破了万寿山平缓的山形,使天际轮廓线起伏变化,而且在周围殿宇、亭台的映衬下更显雄伟壮丽。如府宅园林面积不大,楼阁大多沿边布置,用于对景则立于显眼位置,如苏州拙政园的见山楼、浮翠阁,或作为配景则掩映在花木或其他建筑之后,如沧浪亭的看山楼、网师园的集虚斋、看松读画轩等。

图 4-80 楼阁

(六)座椅

座椅是风景园林中必备的供游人休息、赏景的设施。适宜的座椅设计不仅能为人们提供良好的休憩场所,还能满足人们的心理需求,促进人们的户外交往,诱发景观环境中各类活动的产生。(见图 4-81)

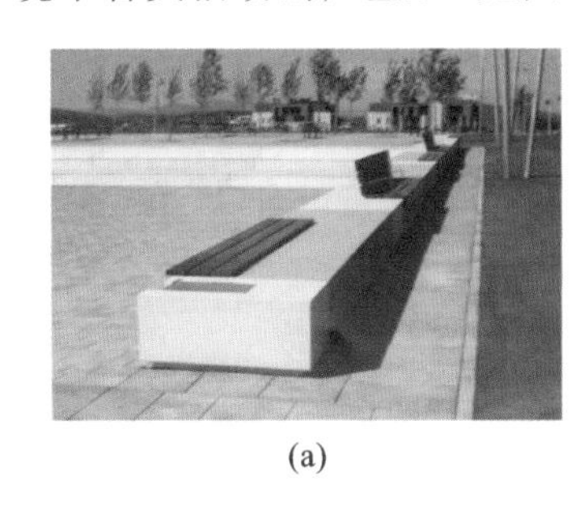

(a)

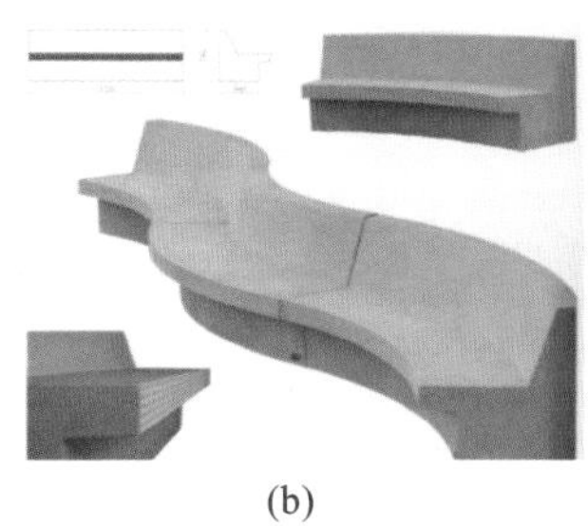

(b)

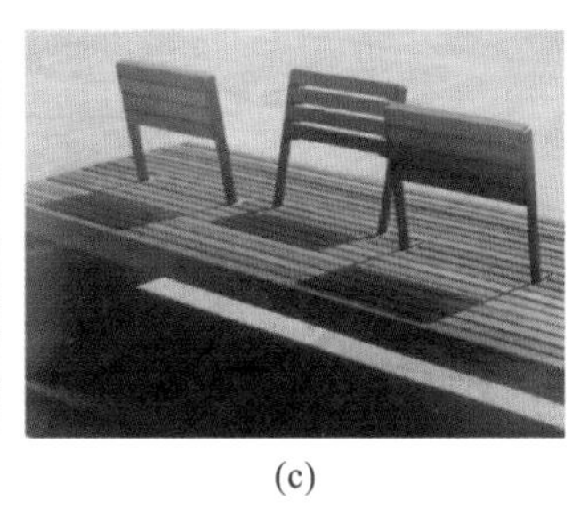

(c)

图 4-81 座椅设计

座椅的设计首先是满足人们坐的需求,因而适宜的高度和良好的界面材料是最基本的要求,风景园林中座椅的适合高度为 45 厘米左右。设计过高或过低都会让人感觉不舒服,影响人们的使用体验。座椅材料首选是木材,也是户外环境中最常采用的材料,金属与石材次之。因为金属与石材导热性都较强,有冬冷夏热的缺点,所以不适合人们长期使用。

座椅本身的形状对于人们的使用影响也很大,如图 4-82 是两种形状相反的座椅,左边是内弧形的座椅,其空间形态是向心的,使用者的视线是内聚的,这种形状的座椅更适宜被相互熟悉的团体人群使用;而右侧外弧形的座椅,空间形态是发散的,能够为人们提供开阔的视野,因此更适合陌生人群使用。

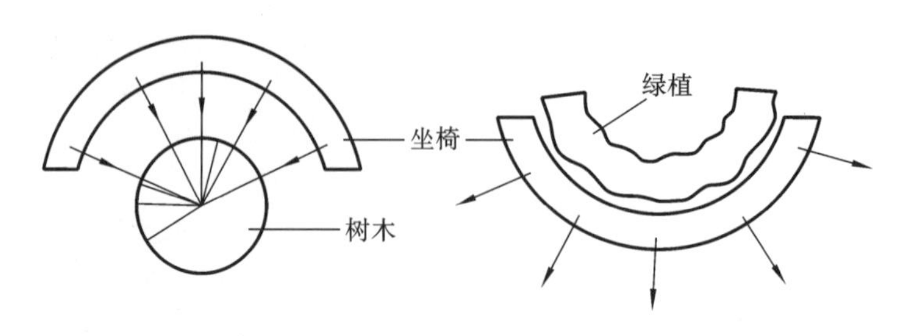

图 4-82　弧形座椅

(七)雕塑

图 4-83　标志物雕塑——化蛹成蝶
(设计:冯俊云)

雕塑按照功能可分为主题性雕塑、纪念性雕塑和装饰性雕塑三类。雕塑的布置既可以孤立设置,也可与水池、喷泉、山石和绿地等搭配(见图 4-83),通常必须与风景园林绿地的主题一致,让人产生艺术联想,从而创造意境。雕塑设置的地点一般在风景园林主轴线上或风景视线的范围内;但亦有与墙壁结合或安放在壁龛之内或砌嵌于墙壁之中与壁泉结合作为局部的小品设施的。有时,由于历史故事或神话传说而会将相应雕塑建立于广场、草坪、桥头、堤坝旁和历史故事发源地。

(八)建筑在现代景观设计中的体现

1.建筑形式更加灵活

现代景观设计中的建筑设计不再局限于古典的建筑形式,在空间表达上更加灵活多样,既有实用功能又丰富了景观特色。

2.建筑结构更加丰富

在建筑技术方面,从传统的砖、木结构到现代的钢、膜结构,从梁柱体系到空间网架,甚至充气结构,在景观设计中都有应用。如日本名古屋市东区的广场景观——“21世纪绿洲”,设计师以水和绿色为主题,采用大量的艺术雕塑和构筑物,烘托强烈的文化艺术氛围。设计师通过四根钢柱支撑起一个复杂的钢结构,承载一个巨大的椭圆形玻璃体,形成空中水体(“水的宇宙船”),游人从地面层可通过楼梯到观景平台屋眺望四周的环境。下层的广场,是宣传集会的场所,也是整合四周的商业设施、联系上下交通和水平交通的重要枢纽(见图 4-84)。

3.建筑功能更加多样

在现代景观设计中,建筑能满足游人的各种需求。如伯纳德·屈米设计的拉·维莱特公园中分布着形态各异的红色立方体。每一个“Folie”的形状都是在长宽高各为10 米的立方体中变化,它们为问询室、展览室、饮食店、咖啡馆、音像厅、钟塔、图书室、医务室等所用,这些使用功能也可随使用者需求而变化(见图 4-85)。

图 4-84 日本名古屋市东区广场景观

图 4-85 拉·维莱特公园的红色建筑

4. 建筑的场所再生

在工业废弃地的改造中，建筑通常起到场所再生的重要作用，这种做法是保留一座建筑物结构或构造上的一部分，如墙、基础、框架、桁架等构件，从这些构件中可以看到以前工业景观的蛛丝马迹，引起人们的联想，让人难以忘记。如理查德·海格主持设计的美国西雅图煤气厂公园（见图 4-86），应用了“保留、再生、利用”的设计手法，经过有选择的删减后，剩下的工业设备被作为巨大的雕塑和工业遗迹而保留了下来。东部有些

图 4-86 美国西雅图煤气厂公园

机器被刷上了红、黄、蓝、紫等鲜艳的颜色，有的被覆盖在简单的坡屋顶之下，成为游戏室内的器械。有些工业设施和厂房被改造成具有餐饮、休憩、儿童游戏等功能的公园设施。再如土人景观设计有限公司设计的中山岐江公园，是在粤中造船厂旧址上建造的，它保留了钢结构、水泥框架船坞等构筑物，对吊塔和铁轨进行了再利用，实现了工业遗存景观的再生。

本章小结

本章是本教材的重点章节，内容包括现代景观构成要素地形地貌、水体水系、植物种植，以及建筑的设计特点、设计原则和步骤。这些内容的掌握是日后景观设计学习的关键。

复习题

1. 景观设计元素分为哪些类型？
2. 地形地貌分为哪些类型？
3. 景观设计的原则是什么？
4. 地形设计的原则和步骤是什么？
5. 园林景观植物种植的原则是什么？
6. 植物种植设计的基本形式与类型是什么？
7. 举例说明我国古典园林的理水方法。
8. 景观设计中建筑的类型有哪些？请举例说明。
9. 建筑在现代景观设计中是如何体现的？

Note

第五章
现代景观整体设计

学习目标

1. 了解并掌握现代景观整体设计内容及其特点；
2. 了解并掌握现代景观整体设计原则。

思维导图

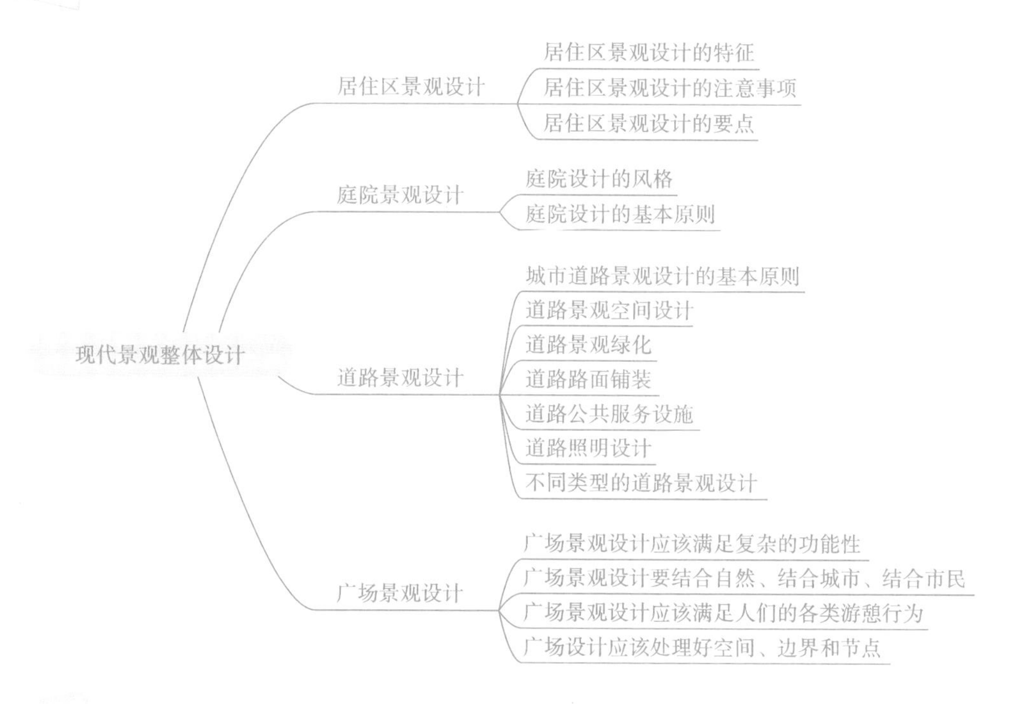

案例引导

上海宏润花园

宏润花园位于上海市田东路，采用现代的造园手法，演绎一种时尚、现代的居住氛围。根据宏润花园的特点，以自然造园为主题，可将基地景观分成两大主题：一个主题是利用高出地面的地下车库这一条件，形成一处以假山跌水为主体、以赏景为目的的山林瀑布景观；另一个主题是以会所为依托形成一处以开阔水面、草坪为主体，以休闲娱乐为目的的草地湖泊景观。在植物造景方面，以本地树种为主，做到适地适树，注重色彩变化、季相变化等，配合建筑，营造出丰富的园林空间。重点景观区域采用棕榈、花带结合水景烘托气氛，体现一种热带风情，增加小区的异域风情。

资料来源 赵良《景观设计》，华中科技大学出版社，2009 年版。

【问题】 从案例中可以看出，现代住宅区景观设计有哪些特点？它有哪些相似的造景方法？与中国古典园林相比，有哪些不同？

第一节　居住区景观设计

我国早期居住区的景观设计往往被简单地理解为绿化设计，以园艺绿化为主。直到 20 世纪 90 年代之后，人们开始反思自己的居住环境，关注居住大环境的质量，开始寻求人类与自然的对话。同时，城市居住区环境景观也是改善生态环境质量和服务居民日常生活的基础，对居住区环境景观的塑造直接影响着城市整体生态环境的建立。在城市化进程加快的时代，人性化、生态化、个性化的景观设计是当今居住区景观设计的发展趋势。

一、居住区景观设计的特征

居住区景观设计除了给居民提供一个安静、幽雅的居住环境，还必须考虑居民茶余饭后的休闲娱乐。因此，居住区景观首先应是一处具有游憩功能的公共场所，人们可以进行交流、休憩、锻炼和嬉戏。其次，居住区景观的绿化不是简单地种植花草，满足人们视觉感官需求，而应贴近人的需要，结合景观生态学的原理，进行植物群落的生态布局，以创造高品质的环境。景观功能的多样化、空间与时间的多维性是居住区景观设计的基本特征。图 5-1 为某居住区景观总平面图。

二、居住区景观设计的注意事项

（一）注重功能定位

不同规模的居住区环境景观设计因市场定位不同，其环境所涉及的内容和功能也有所不同。有的居住区总体规模比较小，绿地面积也比较少，在景观设计中，就要以功能设计为主，也就没有必要既建网球场又建羽毛球场，而应该因地制宜地考虑建一个既可作羽毛球场又可作公共活动空间的小型广场。（见图 5-2）

（二）注重构思立意

在中国的古典园林中，许多园林景观都有不同的主题，而这些主题往往又富有诗

图 5-1 某居住区景观总平面图(桂林市天开园林景观工程有限公司)

一样的意境。例如,承德避暑山庄的“七十二景”即“康熙三十六景”和“乾隆三十六景”,这些“景”就是按照各自主题和意境来命名的。康熙、乾隆还分别题有诗文。

图 5-2 注重功能定位的居住区景观设计

在现代的景观设计中,我们应该营造什么样的意境给住在小区里的人们,并借助什么样的表达形式来展现呢?是自然环境景观、人工景观还是自然和人工相结合的环境景观,或是现代的环境景观呢?在此,需要特别注意的是,当我们在构思居住区景观的表现形式时,一定要和环境景观所希望表达的意境相符合。

(三)空间的运用

设计是空间的再创造。一片空地,无参照尺度,就不能成为空间,一旦添加了空间实体进行围合,便形成了空间,容纳是空间的基本属性。“地”“顶”“墙”是构成空间的三大要素。空间的表现形式有:从运动的角度看,有静态的空间和相对动态的空间;从构成关系看,有开敞空间、封闭空间、下沉式空间、虚拟空间、过渡空间、母子空间,等等。图 5-3 为概念性居住区景观。

景观由两部分组成:一部分是由一些景观元素构成的实体;另一部分是由实体构成的空间。实体比较容易受到关注,而空间往往容易被忽略,尤其是我们目前的设计方法,常常只注重那些硬质实体景物和软质实体景物。相对而言,对空间的形态、外延,以及邻里空间的联系等关注不够,从而形成各种堆砌景物的设计方法。因此,注重空间结构和景观格局的塑造,强调空间的设计理念,针对视觉空间领域进行整体设计尤其重要。

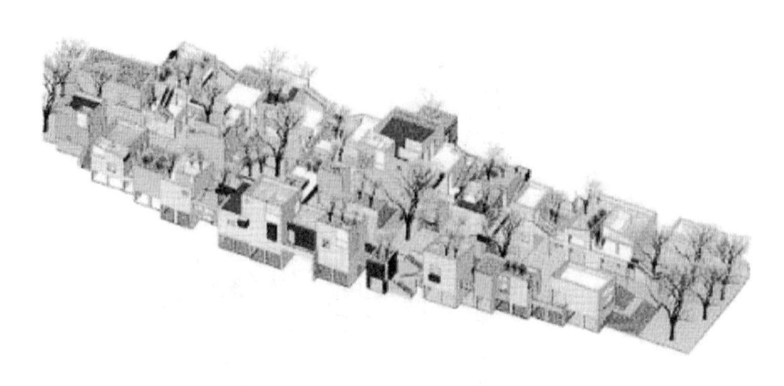

图 5-3 概念性居住区景观

三、居住区景观设计的要点

居住区景观设计的本质就是要为居民提供一个优质的休闲娱乐空间。因此，在设计中除了要进行大量的绿化外，还应赋予室外空间更多功能，比如为人们的健身活动提供场地和设施，为儿童提供必要的游乐场所，为居民的交流、休闲创造环境。因此，居住区设计的要点包括完善的道路系统、复合功能的聚散场地、保证住宅区的绿地面积，以及设施完善的运动健身场地等。

进行居住区设计时要做好以下工作。

(一)基地的调查和分析工作

对基地进行调查与分析的目的是在客观调查和主观评价的基础上，对基地及其环境的各种因素做出综合性的分析与评价，使基地的潜力得到充分的发挥，做出对住宅小区环境景观比较科学合理的构想。

基地调查与分析的主要内容有以下几个方面：

(1)分析用地的朝向和风向，根据当地不同季节的主导风向组织居住区的风道和生态走廊，有意识地通过景观设计等来疏导自然气流。

(2)分析周边的地理环境，通过借景、组景、分景、添景等多种手法，使居住区内外环境协调。

(3)濒临城市河道的居住区宜充分利用自然水资源，考虑引水入区，设置亲水景观。

(4)邻近公园、生态绿地或其他类型景观资源的居住区，应有意识地设计景观视线通廊，促成内外景观的交融。

(5)毗邻历史文物保护区的住宅区，应该让珍贵的历史文化融于当今的景观设计元素中，使其具有鲜明的个性。

(6)要考虑景观住宅区受光、背光和投影区的设计。以休闲桌椅的设计为例，夏季，人们一般会在阴凉处或太阳照不到的地方休息，休息座椅需要设计在背光或者投影区，而春季、秋季和冬季，人们喜欢在阳光下小憩、晒太阳，这就需要在阳光可以照射到的区域设计休闲座椅。因此，根据以上分析，休闲座椅的设计要兼顾太阳照射区域和不能照射的区域。(见图 5-4)

Note

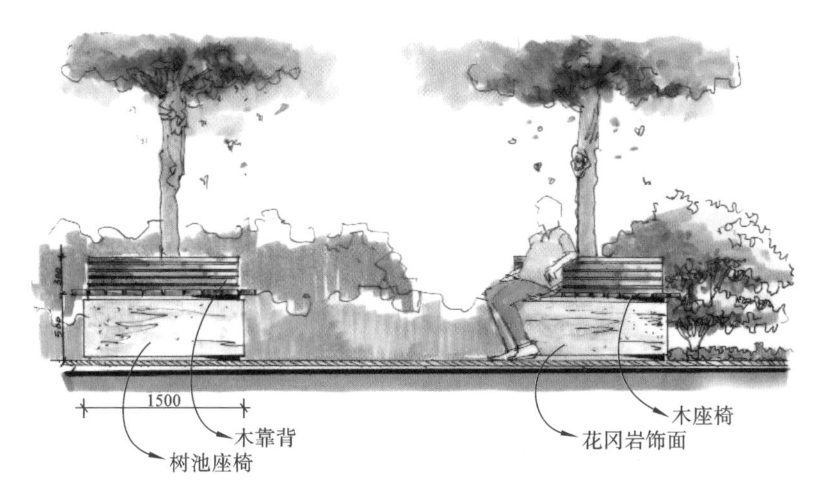

图 5-4 居住区树池座椅设计(作图:李巍伟)

(二)完善的道路设计

居住区中的道路可以分为交通道路和步行道路两种。

1. 交通道路

交通道路为车辆和人员的汇流途径,具有明确的导向性,需要顺畅、便捷;道路两侧的环境景观应符合导向要求,具有韵律感和观赏性,并可达到步移景异的视觉效果。小区内道路宽度一般为 5—8 米;组团之间的道路为 3—5 米。

2. 步行道路

步行道路是居住区空间中极具平民性和大众性的组成部分,是融交通、休闲、社交等多种活动于一体的复合空间,宅间小路不应窄于 2.5 米,宽度不宜小于 1.2 米。步行道路不仅为人们提供便捷的交通,还能够使居民更好地亲近绿地,强身健体。可进行锻炼的道路,要环境清静,路面宽敞;用于交流、休闲的道路,则要相对安静,而且要有一定的私密性。同时,居住区中步行道路在设计时,应以多样的形式适应多种需求,如要将散步、健身、跑步等多种功能结合。(见图 5-5)

图 5-5 居住区道路设计

(三)丰富的户外活动场地

居住区的户外活动场地可以分为休闲广场、健身运动场、儿童游乐场三种类型。

1. 休闲广场

休闲广场往往既是居住区的道路节点,也是景观节点。其设计应从功能出发,为居民提供方便,建设舒适的户外交往空间。

在设计中,一定要避免城市广场缺少绿荫的通病,要既能提供用于个人交往的小尺度的私密空间,又可用于大型公共活动的举行。

2.健身运动场

居住区健身运动场包括网球场、羽毛球场、室外游泳池等专用运动场和一般健身活动场地。专用运动场应分散在居住区中方便居民就近使用而又不扰民的区域，不允许有机动车和非机动车穿越运动场地。而一般健身活动场地所需空间不大，以方便居民就近使用为宜。

3.儿童游乐场

儿童游乐场应该在景观绿地中划出固定的区域，一般为开敞式。游乐场可以有滑梯、秋千、跷跷板、迷宫等设施。（见图 5-6）

图 5-6 居住区中的儿童游乐场

（四）保证居住区的绿地面积

绿化应以改善环境为主旨，优化居住区的人居环境和生态走廊。

种植上，尽量保持和利用原有的植物，注重绿量，以树木为主、草坪花卉为辅，植物应尽量选择易养护、四季常绿的品种。

种植方式以自然生长为主，整体上尽量做到疏密有致，住宅与住宅、组团与组团之间要有差异感。居住区绿化包括绿篱、宅旁绿化、隔离绿化、屋顶绿化、停车场绿化等。（见图 5-7）

图 5-7 居住区绿化（作图：丁超凡）

第二节 庭院景观设计

中国的古典园林具有很高的艺术成就，在世界造园史上占有举足轻重的地位，但中国现代庭院设计却显得相对落后。人同自然之间有着千丝万缕的联系，人类曾经崇拜自然、模仿自然、改造自然，相信人可以胜天。然而，在今天的城市，人类的生活充满了钢筋混凝土，带有庭院的居住环境成为人们的一种奢望。如今，越来越多的住宅开始设计入户庭院和大阳台，都是希望通过一片小小的绿色景观让人与自然更贴近一些，同样，很多的单位或商务楼也设置有中庭或者一些小型的休憩庭院。因此，庭院设计将会是景观设计的一个趋势。

一、庭院设计的风格

现代庭院设计的风格主要有中国古典园林风格、日本风格、欧美风格、现代简洁风格等。中国的古典园林有着浓厚的文化底蕴和深厚的审美情趣，虽然现代的庭院设计在表现手法和工艺方面与中国的古典园林有着很大的差别，但同样可以通过现代设计的手段体现出传统园林的艺术美。

中国庭院古典风格的设计应该注意以下几个方面。

(1)体现中国传统园林筑山、理水，以及植物、建筑设计方面的特征。

(2)体现诗画的情趣。

(3)体现中国古典园林的空间及审美特征。

(4)体现意境的蕴涵。(见图 5-8)

图 5-8 新中式风格庭院

日本庭院虽然源于中国，但在漫长的实践中形成了自己的风格特征，产生了林泉式、筑山式、茶庭、枯山水等多种园林样式。而且现代的日式庭院风格能够把日本传统的艺术同现代的工艺、创作手法相结合，以满足现代生活对庭院的功能要求。现代日本庭院风格细腻、设计精致，注重造园素材的微妙变化，以及对传统造园符号、特征、元素的灵活运用。体现深厚的文化底蕴，是现代日本庭院的一个显著特点。(见图 5-9)

图 5-9　日式风格庭院

欧美风格的庭院特征是一个比较笼统的概念，主要是对比中国或者东方的园林特征而言。总体来说，欧美风格注重平面的布局和植物的造景，平面布局非常灵活，倾向于采用简洁、流畅的线条，更加强调庭院设计的生态要素，表现出强烈的回归自然的追求。（见图 5-10）

图 5-10　自然、生态的欧美风格庭院

二、庭院设计的基本原则

（一）整体统一性

庭院设计的个性化要求很高，在设计时，既要满足委托方对庭院功能、风格、材质等方面的某些要求，还要很好地把握设计的整体感。庭院的场地可分为规则式和自然式两大类型，设计中首先要考虑的就是花园与建筑物之间有机结合。庭院设计的整体性包括三个方面：

（1）庭院应与周边环境协调一致，因地制宜地利用借景、透镜等方式；

（2）充分地利用庭院与建筑的灰色空间，让庭院与建筑浑然一体；

（3）园内各组成部分有机相连，过渡自然。

（二）以小见大

随着中国城市化的加速，人们与自然的距离越来越远，身居闹市的人们总是希望拥有一小块属于自己的私家庭院，享受到大自然赋予的“山水林泉之乐”。在这个浓缩的“自然界”中，“一勺代水，一拳代山”是庭院设计的常见设计手法。庭院中各构成要素的位置、形状、比例和质感在视觉上要适宜，以取得“平衡”。同时，在设计上还要充分利用人的视觉假象，如在近处的树比远处的体量稍大一些，会使庭院看起来比实际大。苏州的网师园为了达到烟波浩渺的广阔感而把水域周边的景观按比例缩小，也是同理。

（三）硬质与软质的合理设计

庭院面积都比较小，怎么样合理地分配硬质和软质之间的比例就显得尤为关键。园路的设计根据园林风格可迂回曲折，也可简洁明了。庭院中的硬质铺装和休闲场所是设计的重点，需要足够的面积。因此，植物主要分布在庭院的边缘区域，植物设计需要精选树种、树形，做到少而精。

（四）色彩设计

庭院色彩设计主要包括硬质铺装、植物以及景观小品等方面的色彩设计。

(1)硬质铺装色彩设计。

庭院一般以休憩以及观赏为主要目的，因此，在硬质铺装上应以冷色调为主，暖色调为辅，色彩宜朴素而不烦琐。同时，可以根据业主的爱好，适当选择一些文化石、天然材料作为色彩的点睛之笔。

(2)植物色彩设计。

在植物设计中，要注意各种植物颜色的深浅等，在色调上可以通过对比、衬托等方式协调植物的色彩，把握好庭院色彩的整体关系。

(3)景观小品色彩设计。

景观小品是庭院中不可缺少的要素之一，常常作为对景和框景的焦点而存在。它在庭院中一般放置在庭院入口的外面、视线的中心，道路或透视线的尾端，道路的转弯处，草坪的一角等。景观小品在色彩运用上最常见的方法是互补色对比、色相对比、明暗对比。

（五）意境的营造

庭院的树木配置不仅仅是为了绿化，还要具有画意。所谓庭院的意境，是比直观的园林景象更为深刻、更为高级的审美范畴。

首先，庭院蕴含了庭院设计师的设计哲学，设计师通过精彩的景观打动观赏者，使其在庭院中可以通过景观造景的形式感悟到景观传递的思想意蕴。

其次，在园林的空间环境里，达到“虽由人作，宛自天开”的思想境界，这也是中国古典园林造园之精髓。

虽然意境和景观是两个不同的方面，但庭院景观的营造构筑，是以庭院景点、景物所要表达的意境为指导的，如庭院中建筑的层次，石块的颜色、质地等，水系的曲直、开

合；树木的高矮、形态，均要符合意境的要求，并要烘托渲染意境的气氛。因此，庭院意境存在于景观创造的全过程中。

第三节　道路景观设计

道路景观设计是指对道路红线范围内及范围外一定宽度的带状人文景观与自然景观的保护、利用与开发。道路景观设计已经不局限于硬质铺装与植物的合理布局，乔木、灌木、花草的合理搭配，而是体现持续发展、延续历史文脉、美化城市环境、保护生态环境质量的生态系统工程。

一、城市道路景观设计的基本原则

（一）实用性原则

道路景观首先要满足人行道通行的功能要求，然后考虑如何体现它的商业价值。

（二）因地制宜原则

设计应该强调结合现有地形，在尽可能减少工程量的前提下达到理想的视觉效果和环境效果。

（三）可持续发展原则

道路景观的设计就是要运用规划设计的手段，结合自然环境，对场地内生态资源、自然景观及人文景观进行保护和利用，既利于当代又造福于后人。坚持自然资源与生态环境发展、经济发展、社会发展和谐统一。

（四）可识别性原则

道路在某种程度上是一个城市的标签。在设计中，不同等级的道路或不同功能的道路要有所区别，既要体现城市的地方特色，也要形成有特色的街道空间。

（五）整体性原则

要求将道路本身与沿途地形、地貌、生态特色等方面协调考虑，进行全面、综合设计，从道路本身出发，将一条道路作为一个整体考虑，统一考虑道路两侧的建筑物、绿化、街道设施、色彩等，避免其成为片段的堆砌和拼凑。

（六）美学原则

道路景观设计不仅要使城市满足居住、出行的功能，而且要进行城市美化，美是人们的高层次需求，可以满足人们的心理需求。

Note

二、道路景观空间设计

道路的空间一般呈线性特征，其景观设计应该从空间入手，打破人行道、绿化带的传统概念，通过道路的空间层次变化体现道路的整体性，强调道路的景观效果，形成景观视觉走廊。如果道路两旁有建筑，可以考虑道路与建筑立面共同构成"灰空间"。

设计中，同一条道路可以一段布置双排行道树，一段采用单排行道树或选择花圃林荫路，强调道路的空间关系。同时还可以根据具体情况，因地制宜地设计供人们观赏、休憩的或方、或圆、或多边形的花坛以及各种小品等。（见图 5-11）

图 5-11 道路树池及花坛

三、道路景观绿化

绿化环境的设计遵循对比与变化的原则，应遵从基地整体的布局，追求空旷与私密、阳刚与柔和的对比。道路节点的绿地是充满生机和变化的空间，可以通过落叶树、四季花卉及植物果实的周期变化表现季节变更。道路绿化包括行道树、分车带、中心环岛和林荫带四个组成部分。为充分体现城市的美观大方，不同的道路或同一条道路的不同地段要各具特色。绿化设计在与周围环境协调的同时，以上四个组成部分的布局和植物品种的选择应密切协调，做到风格的相对统一。（见图 5-12）

图 5-12 乔木行道

（1）行道树应以冠大茂密的乔木为主，落叶类树木为辅，夏季可起到遮阴的效果，间距一般为 5—8 米。

（2）分车带是道路绿化的重点。应结合自身宽度、所处车道性质及有无地下管线来进行规划。位于快车道之间的分车带，应以草坪和宿根花卉为主，适当配以小型灌木花卉；位于快、慢车道之间的分车带，宽度一般在2米以内（或有地下管网），以种植草坪和宿根花卉为主；宽度在2—4米（无地下管网），可采用灌木和花草结合的种植方式，做灵活多样的大色块规划设计；宽度在4米以上（无地下管网），除选择灌木与花草结合的种植方式以外，还可配以小型乔木。

（3）中心环岛地处道路交叉点，目的是疏导交通，要求绿化高度在0.7米以下。为使司机和行人能准确地观察到周围环境的变化，可采用小乔木和灌木及花草结合的种植方式进行各种几何图案的设计。

（4）林荫带以方便居民步行或游憩为前提，参照公园、游园、街头绿地进行乔木、灌木、花草的合理优化配置；同时，可布置少量的园林设施，如园路、花架、花坛、园内小桌、园内坐凳、宣传栏等。

景观绿化设计要求层次丰富、结构合理。主张行道树整齐、统一，绿化带内种植大量不同品种和不同规格的花草树木，要使各种花草树木有机自然结合，形成有高有低、有疏有密、错落有致、复层混交的人工植物群落，突显丰富的层次。

四、道路路面铺装

道路路面铺装在这里主要是指硬质地面的铺装，即利用铺装材料不同的大小、形状、色彩和质地等营造不同的空间效果。

图 5-13　铺装材料与自然的结合

在街景铺装方式上，采取规则式和自由式相结合的手法；在人行通道区内，主要采用较大尺寸的块面铺装、带状铺装，以强调空间的整体性；在休闲景观区采用的是小尺度的带状铺装和点状铺装，强调小空间的细腻感和可停留性。（见图5-13）

地面铺装的材料是地面铺装效果产生的基础，在临街路面的材料选择上可与商业建筑协调一致，可以采用石材（花岗岩、板岩和卵石等）、广场砖等。

色彩和材质的表达，可以根据大众审美的趣味性和色彩配置的基本规律，以及具体的道路环境和设计图案的要求来选择，强调整体的色彩效果。比如商业店铺前的道路路面铺装材料一般选择较为淡雅、柔和的色彩。

五、道路公共服务设施

道路景观设计就是要给予道路一个新的秩序，构建新的空间，道路公共服务设施的规划便是体现这一原则的重要细节。公共服务设施包括报刊亭、公交候车亭、垃圾桶、座椅等，这些都是体现一个城市品位的细节部分，却也是极其重要的部分。在人行通道上进行无障碍设计，布置有盲人交通设施，路上及转角都按规范要求做好导向板、终端板，在交叉口与入口结合处设置残疾人坡道等。

Note

六、道路照明设计

灯光环境是人们感知夜晚城市空间环境的前提条件，各类人工照明和自然光相互叠加，形成城市不同的夜间空间视觉效果。夜景照明设施主要有路灯、庭院灯、投光灯、泛光灯、埋地灯、霓虹灯等。

人行道照明考虑到步行者的舒适、安全，一般选择高杆灯来为人们提供照明。灯具的造型、尺度要以人的活动为依据，并与城市风格统一。

绿化带使用照树灯、埋地灯照明，强调树木的自然形态，花叶混合或叶色不同的宜选用显色性好的金属卤化物灯等。在局部的道路景观节点也可适当地设计景观灯柱，以丰富道路的灯光。（见图 5-14）

图 5-14 道路照明设计

七、不同类型的道路景观设计

（一）快速道路的景观设计

快速道路是市区内的主干道或者是市郊区的主干道，其主要功能是解决城市交通问题。因此，快速路上的道路景观服务的对象主要是车上的人。在设计中，首先要考虑的就是车行速度对于景观观赏的影响，如果采用分段景观设计方式，那么每一单元的距离应该超过 100 米。特别需要注意的是，高速路中心隔离带的植物应高于 45 厘米，避免其夜晚对车辆灯光的干扰。

（二）人车混杂型道路景观设计

城市中人车混杂型道路可分为以交通性为主的道路和以生活性为主的道路。

（1）交通性为主的道路。

交通性为主的道路承担着城市各个功能区之间的客运和货运任务，交通流量大，通常路幅较宽。设计主要以行道树、分隔带、人行道及公交车站、座椅、垃圾桶等城市设施为主。

(2)生活性为主的道路。

生活性为主的道路车种复杂、人流较多、车行速度慢。道路根据地块性质可分为居住区街道、商业区街道和行政办公区街道。

景观设计应强调其多样性与复杂性,以市民生活为核心。街道空间形式的设计首先要满足人们的活动需要,并根据街道功能特点,考虑街道空间的变化。

(三)步行街道路景观设计

步行街作为城市中一个多层面、多方位、多形态的空间体系,不仅是城市商业发展的需要,也是对城市道路系统的丰富。(见图 5-15)

图 5-15　步行街道路景观设计

现代步行街的发展由简单地吸引顾客演变为城市的社会活动中心,设计应该充分体现出一个城市的本地文化和经济水平,因此步行街的道路景观设计要注意以下几个方面:

首先,要理念先进、定位准确;

其次,步行街道路景观设计应该尽量营造良好的购物环境,充分考虑行人休憩的需要,同时兼顾不同客群的需求,例如老人、儿童和残疾人,体现出以人为本的设计理念;

最后,步行街道路景观设计一定要结合本地文化,突出城市特色。

第四节　广场景观设计

广场是根据城市或规划场地的功能要求而设置的,通常是人们活动的中心,可以供交通集散、组织集会、居民休闲娱乐以及一定程度的商业贸易等用途。

广场按形式不同分类,有带状广场、矩形广场、圆形广场,以及不规则广场等。不管其形态如何,作为一个真正意义上的广场,都应该具备以下三个条件:

第一,要有明确的边界线;

第二,具有围合感;

第三,地面设计以硬质铺装为主。

广场作为景观设计中最为常见的空间形式,其原型有五类:

第一类,封闭的广场,其空间是独立的;

第二类,支配型的广场,广场开敞空间直接面向主体建筑,并为其服务;

第三类,中心广场,其空间是围绕一个中心形成;

第四类,群组广场,由两个及以上相连或相邻的广场组成,其空间单元联合构成更大的广场;

第五类,无定型的广场,指广场的空间不受形态的限制。

一、广场景观设计应该满足复杂的功能性

广场是景观空间的一种重要形式,属于开敞空间设计系统,它作为景观空间中的职能空间,本质上有城市公共空间的共性以及其自身的特殊性,是为人们提供交通、娱乐、集会、休闲功能以及从事商业活动的场所,一般位于景观设计场地的节点上。

广场的范围很广,根据其功能可以分为交通性广场、商业性广场、集散性广场等。广场既可以是景观项目设计的一个组成部分,也可以是一个单独的景观项目。不同性质的广场有不同的功能,同一性质的广场由于设计项目的定位不同,其功能也会有所变化,因此,广场的功能是比较复杂的。

首先,广场既是景观节点也是交通节点。广场一般情况下不允许机动或非机动车进入,因此,广场景观设计要充分考虑停车的问题,应该设计适当面积的停车场。完善的交通设施包括车行道、步行道、高架桥、轻轨站、地铁站等。在广场景观设计时要充分考虑广场内部以及周边的交通组织。广场与道路的组合,一般来说有四种方式:

(1)道路引向广场;

(2)道路穿越广场;

(3)广场位于道路的一侧;

(4)广场被道路包围。

其次,广场是大众群体聚集的场所,是城市开放空间体系中最具艺术性和公共性、最能体现都市文化和文明的开放空间,也是现代都市中人们进行户外活动的重要场所之一。

广场按其功能性质不同,可以分为休闲广场和主题广场两类。

(1)休闲广场。

休闲广场是指市民休闲、交流、娱乐、健身等活动的场所。

(2)主题广场。

主题广场应有明确的主题,为展示城市的文化、历史而修建,如重庆的三峡广场、朝天门广场等。

独立的广场要有一定的规模,特大城市和大城市的中心广场面积达 10 公顷即可,中等城市应为 3—5 公顷,而小城镇 2—3 公顷就可以了,某些景观设计项目内部的广场,比如居住区内的广场,可以更小一些,只要能满足人们的基本活动就可以了。

在广场景观设计时一定要考虑到广场的诸多使用属性，比如要举办大型的演唱会、晚会等，对于舞台、电源等应该要考虑周到，同时在进行广场景观设计的时候要考虑卫生间、座椅等公共设施。

最后，广场不仅是人群聚集的地方，也是一个城市的窗口、一张城市的名片。城市广场，特别城市中心广场是一个城市的主要标志，因此，广场的景观设计必须要体现城市的经济、文化和历史等方面的特色，要与城市的历史文化相融合，塑造自然美和艺术美的空间。

西班牙马德里达利广场景观设计如图 5-16 所示。

图 5-16　西班牙马德里达利广场景观设计

二、广场景观设计要结合自然、结合城市、结合居民

(一)尊重场地，因地制宜

在设计中应该充分利用现状，尽量少动土方，降低成本，使广场轮廓及地形与周围环境更加相融。设计师应该用专业的眼光去了解场地的基本情况及其特征，发现场地的优势并加以利用。

(二)尊重历史，强调设计的地域特征

在设计中，对于历史的尊重应体现在对传统文化的继承，而非浅薄的模仿。设计师应该对场地中历史、文化要素进行提炼，并将其转化为新的设计语言，设计出别具一格，充满韵味的现代景观作品。

(三)尊重居民，强调以人为本

这里所说的“以人为本”中的“人”，就是与广场接触最多的居民。在设计中，应该考虑到居民在广场中进行不同活动所需要的空间类型：既要有开放性的空间，以适合居民进行集会等活动，也需要有相对私密的交流的空间；既要有老年人的活动场所，也要有年轻人甚至儿童的休闲娱乐空间。(见图 5-17)

Note

图 5-17　广场景观设计效果图(设计:龙渡江)

三、广场景观设计应该满足人们的各类游憩行为

游憩行为是多种游憩方式的组合,居民出行有多种游憩动机,因此,户外游憩是一种选择性的活动,天气的好坏、环境的状况等都会对游憩行为产生影响。但广场作为重要的游憩场地,应该在进行景观设计时对居民的游憩行为进行规划,提供游憩场地以及必要设施。(见图 5-18)

图 5-18　有特色的休闲广场

市民在广场中的游憩行为主要有锻炼、休闲、散步、观景、聚会等。

四、广场景观设计应该处理好空间、边界和节点

广场景观设计是一个动态的过程,其与建筑设计不同,它是相对独立的。

景观的形态设计主要由空间、边界和节点组成。空间的形成需要面和实体边界，空间边界越弱，空间的领域感就越不明确。因此，广场景观设计应该把空间的秩序和层次设计放在首位，强调标志性节点。

（一）空间设计

广场的空间设计是由地面及其三维边界组成的，空间的效果虽然与场地的尺寸有一定的关系，但主要还是取决于空间中边界的形态与观赏者的角度。因此，广场的空间设计首先是对空间层次的丰富，利用围合、质地变化等设计手法，划分出主与次、公共与相对私密等不同的空间领域；然后，在空间边缘的设计中，提高人们选择的可能性，从而满足人们多样性的需求。（见图 5-19）

图 5-19　空间开阔的广场设计

（二）边界设计

在城市环境中，广场周边的建筑、交通等都会对广场产生影响；同时，这些也是构成广场领域感的主要因素。赋予用地统一的空间边界，会增强空间效果。建筑的间距、体量、形式越接近，这种围合的连续性就越强，闭合程度也越高，创造的空间也越清晰，也可以通过广场周边在视觉和心理上占据主导地位的建筑或自然山体等来突出场所特征和场地感。

（三）可识别性设计

广场景观设计需要充分分析场地特征以及城市文化背景，其可识别性将增强其存在的合理性。试想，如果我国各大城市的广场全部是简单的硬质铺装加植物种植，那么这样的广场是否已背离了广场的本质呢？怎么才能够体现具有地方特色的城市景观风貌呢？广场作为城市的公共空间，可以在很大程度上体现一个城市的特色，相当于城市的“客厅”。

广场的可识别性设计既可以通过具有城市文化特征的标志物的设计来实现，也可以通过特色小品、拼花图案和构筑物等来展现。

Note

本章小结

现代景观整体设计内容包括居住区、庭院、道路、广场等方面，本教材重点介绍了这几个内容的景观设计特点、设计原则和设计要点。

1. 现代景观整体设计的内容及特点是什么？
2. 现代景观整体设计的原则包括哪些内容？
3. 居住区景观设计的要点有哪些？
4. 庭院景观设计的基本原则有哪些？
5. 城市道路景观设计的基本原则有哪些？
6. 广场景观设计时需要注意哪些方面的问题？

第六章
旅游风景与景观设计

学习目标

1. 了解旅游风景与景观设计概念及内涵；
2. 了解并掌握旅游风景区的功能和类型；
3. 了解并掌握旅游风景区设计的类型；
4. 了解并掌握旅游风景景观设计过程与内容。

思维导图

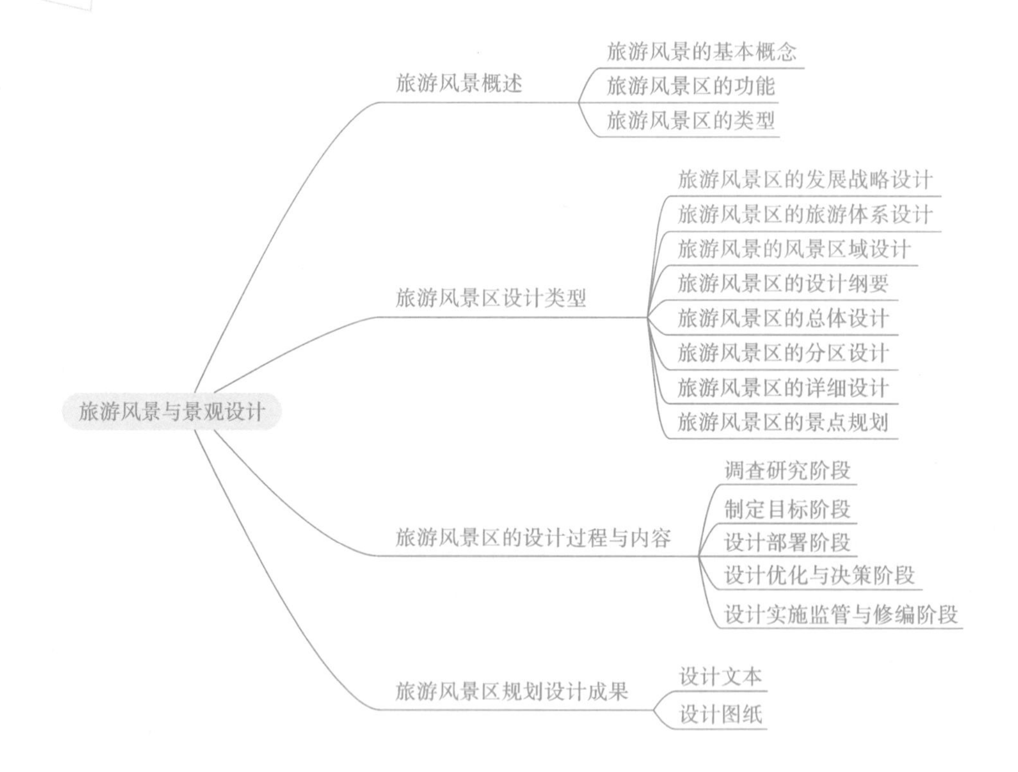

案例引导

杭州西湖风景名胜区

杭州西湖风景名胜区，是国家5A级旅游景区，位于浙江省杭州市中心，旧称武林水、钱塘湖、西子湖，宋代始称西湖。西湖分为湖滨区、湖心区、北山区、南山区和钱塘区；湖光山色和众多名胜古迹闻名中外，是中国著名的旅游胜地，也被誉为“人间天堂”。景区内群山高度都不超过400米，环布在西湖的南、西、北三面，其中吴山和宝石山像两只手臂，一南一北，伸向杭州市区，构成了优美的空间轮廓线。

景区总面积达59.04平方千米，其中湖面6.38平方千米，以湖为主体，大量乔木、灌木组成疏落有致、大小不同的空间；以植物造景为主，辅以亭、台、楼、阁、廊、榭、桥、汀。西湖傍杭州而盛，杭州因西湖而名，“天下西湖三十六，就中最美是杭州”。

资料来源 郭盛晖《中国旅游地理》，科学出版社，2010年版，以及相关网络资料。

【问题】 杭州西湖风景名胜区是什么类型的风景区？杭州旧十景和新十景分别是哪些？各自有什么特点？

第一节 旅游风景概述

一、旅游风景的基本概念

（一）旅游风景

旅游风景区即风景名胜区，根据国家标准《风景名胜区总体规划标准》（GB/T 50298—2018），风景名胜区是指具有观赏、文化或科学价值，自然景观、人文景观比较集中，环境优美，可供人们游览或者进行科学、文化活动的区域；是由中央和地方政府设立和管理的自然和文化遗产保护区域，简称风景区。

（二）旅游风景区规划设计

旅游风景区规划设计也称风景名胜区规划，是保护培育、开发利用和经营管理风景区，并发挥其多种功能作用的统筹部署和具体安排。经相应的人民政府审查批准后的风景区规划，具有法律权威，必须严格执行。

全国各级风景名胜区都要编制包括下列内容的规划：确定风景名胜区的性质，划定风景名胜区的范围及其外围保护地带；确定风景名胜区的发展目标，划分景区和其他功

能区，确定保护措施和开发利用强度；确定游览接待容量和游览组织管理措施，统筹安排基础设施、公共服务设施及其他必要设施、估算投资和效益、其他需要规划的事项。

（三）风景资源

风景资源也称景源、景观资源、风景名胜资源、风景旅游资源，是指能引起审美与欣赏活动，可以作为风景游览对象和风景开发利用的事物与因素的总称，是构成风景环境的基本要素，是风景区产生环境效益、社会效益、经济效益的物质基础。

（四）景点

景点是指由若干相互关联的景物所构成、具有相对独立性和完整性，并具有审美特征的基本境域单位。

（五）景群

景群是由若干相关景点所构成的景点群落或群体。

（六）景区

在风景区规划中，根据景源类型、景观特征或游赏需求而划分的一定用地范围，包含较多的景物和景点或若干景群，形成相对独立的分区特征。

（七）风景线

风景线也称景线，由一连串相关景点所构成的线性风景形态或系列。

（八）功能区

在风景区规划中，根据主要功能发展需求而划分的一定用地范围，形成相对独立的功能分区特征。

（九）景观、风景、风景名胜概念区分

一般而言，风景的含义与“景致”“景色”基本一致，至今没有公认的定义。大致来讲，风景是指景色质量较高，有观赏价值的客观自然景物，是一个视觉美学意义上的概念。从这方面来讲，风景与景观的原义相同。

目前，大多数风景园林学者所理解的景观，主要是视觉美学意义上的景观，即风景。从 20 世纪 60 年代中期开始，以美国为中心开展的“景观评价”研究，也是主要就景观的视觉美学意义而言的。

“风景名胜”被概括为具有较高美学艺术、科学技术或历史价值，可供人们参观旅游、科学研究的一定社会物和自然物。通常认为，风景名胜与其所处的环境条件有着极为密切的联系，是一个地域概念，风景名胜区就是这种地区、地域。

从定义来看，风景名胜的内涵要比风景的内涵广，它将风景的概念拓宽了，除风景本身的内容外，还包括了具有较高科学技术价值及历史价值的社会物。风景名胜与其所处的环境条件有着极为密切的联系，是一个地域概念，而景观可以理解为地表某一空

Note

间的综合特征，从这方面来讲，风景名胜的含义与景观的含义有相似之处，但景观的内涵要丰富一些。

二、旅游风景区的功能

我国的旅游风景区主要是为保护自然资源和人文资源而建立的。根据 1994 年国家建设部发布的《中国风景名胜区形势与展望》绿皮书，我们将风景名胜区的作用和功能总结如下。

(一)风景名胜区的作用

(1)保护生态、环境与生物多样性；
(2)发展旅游事业，丰富文化生活；
(3)开展科研和文化教育，促进社会进步；
(4)通过合理开发，发挥经济效益和社会效益。

(二)风景名胜区的功能

根据当代社会需求以及定位特征，我们可以把风景名胜区的功能归纳为以下五个方面：

一是生态类功能。旅游风景区有保护自然资源、改善生态环境、防灾减灾、造福社会的生态防护功能。

二是游憩类功能。旅游风景区有培育山水景胜，提供游憩胜地、陶冶身心、促进人与自然协调发展的游憩健身功能。

三是景观类功能。旅游风景区有树立国家和地区形象、美化大地景观、创造健康优美的生存空间的景观形象功能。

四是科教类功能。旅游风景区有展现历代科技文化、纪念先人先事先物、增强德智育人的寓教于游功能。

五是经济类功能。旅游风景区有发展第一、第二、第三产业的潜能，有推动旅游经济发展、脱贫增收，调节城乡结构，带动地区全面发展的经济催化功能。

三、旅游风景区的类型

风景区的分类方法有很多，主要有按照等级、规模、景观、结构、布局、设施和管理等特征划分，实际应用比较多的是依据景观特征划分类型。

(一)按景观特征分类

按风景区的典型景观特征划分，风景区可分为以下十大类。

1. 山岳型风景区

以高、中、低各种山和各种山景为主体景观特点的风景区，如五岳(中岳嵩山、东岳泰山、西岳华山、南岳衡山、北岳恒山)和各种名山风景区。(见图 6-1)

2. 峡谷型风景区

以各种峡谷风光为主体景观特点的风景区，如长江三峡、马岭河峡谷等风景区。(见图 6-2)

图 6-1　西岳华山风景区

图 6-2　长江三峡风景区

3. 岩洞型风景区

以各种岩溶洞穴或熔岩洞景为主体景观特点的风景区，如贵州的龙宫、织金洞，辽宁本溪水洞等风景区。（见图 6-3）

图 6-3　辽宁本溪水洞风景区

4. 江河型风景区

以各种江河溪瀑等动态水体水景为主体景观特点的风景区，如浙江楠溪江、贵州黄

果树、黄河壶口瀑布等风景区。（见图 6-4）

图 6-4 黄河壶口瀑布风景区

5. 湖泊型风景区

以各种湖泊、水库等为主体景观特点的风景区，如杭州西湖、武汉东湖、贵州红枫湖、青海湖等风景区。（见图 6-5）

图 6-5 青海湖风景区

6. 海滨型风景区

以各种海滨、海岛等为主体景观特点的风景区，如兴城海滨、嵊泗列岛、三亚海滨等风景区。（见图 6-6）

7. 森林型风景区

以各种森林及其生物景观为主体景观特点的风景区，如西双版纳、蜀南竹海、百里杜鹃等风景区。（见图 6-7）

8. 草原型风景区

以各种草原草地风光及其生物景观为主体景观特点的风景区，如我国内蒙古呼伦贝尔大草原、新疆伊犁草原等风景区。（见图 6-8）

9. 史迹型风景区

以历代园景、建筑和历史景观为主体特点的风景区，如承德避暑山庄外八庙、明十三陵、中山陵等风景区。（见图 6-9）

图 6-6　嵊泗列岛风景区

图 6-7　蜀南竹海风景区

图 6-8　内蒙古呼伦贝尔大草原风景区

图 6-9 承德避暑山庄外八庙风景区

10. 综合型景观风景区

以各种自然和人文景源融合成综合性景观为其特点的风景区，如漓江、太湖、大理、“两江一湖”和“三江并流”等风景区。（见图 6-10）

图 6-10 漓江风景区（摄影：王战飞）

（二）根据景观系统的价值分类

1. 国家级旅游风景区

国家级旅游风景区即具有重要的观赏价值、科学价值及文化价值，景观独特，规模较大的旅游风景区。

2. 省级旅游风景区

省级旅游风景区即具有较重要的观赏价值、科学价值或文化价值，景观具有地方代表性，有一定规模和设施条件，在省内外有一定影响的旅游风景区。

3. 市(县)级旅游风景区

市(县)级旅游风景区即具有一定观赏价值、科学价值或文化价值，环境优美，规模

较小，设施简单，以接待本地区游人为主的旅游风景区。

(三)按风景区与城市位置关系角度分类

1. 城市型风景区

城市型风景区一般是指在城区毗邻并与其有着便捷的交通联系，可供游览观赏的地区。

2. 城郊型风景区

城郊型风景区是指与城区相邻，但其边界距离城市建成区还有一段距离的风景区。

3. 独立型风景区

独立型风景区是完全远离城区，位于郊区的旅游风景区(见图 6-11)。

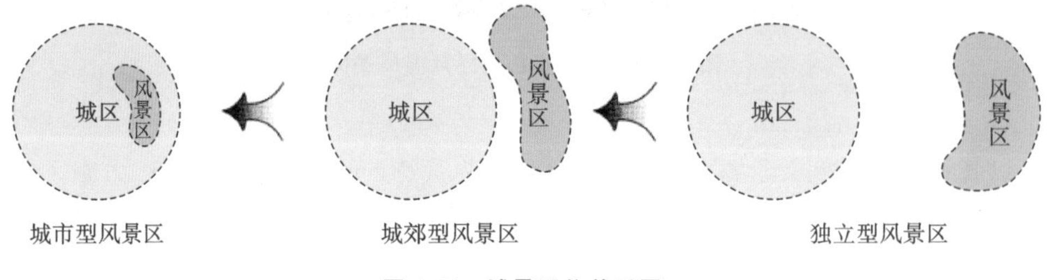

图 6-11 城景区位关系图

(四)按用地规模分类

风景区按用地规模可分为小型风景区(面积在 20 平方千米以下)、中型风景区(面积为 21—100 平方千米)、大型风景区(面积为 101—500 平方千米)、特大型风景区(面积在 500 平方千米以上)。

第二节 旅游风景区设计类型

旅游风景区的设计类型若按设计阶段划分，从整体到局部可以分为八种设计类型(见图 6-12)。

一、旅游风景区的发展战略设计

旅游风景区的发展战略设计的核心是解决一定时期的基本发展目标及其途径，其重点和难点在于战略构思与抉择，其内容主要包括以下方面：

(1)风景旅游资源的综合调查、分析、评价；

(2)社会需求和发展动因的综合调查、分析、论证；

(3)体系的构成、分区、结构、布局、保护培育；

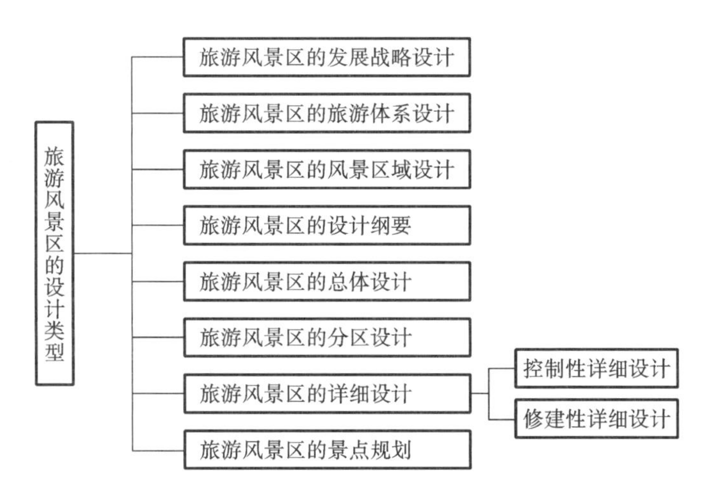

图 6-12 旅游风景区的设计类型

(4)体系的发展方向、目标、特色定位与开发利用；

(5)体系的游人容量、旅游潜力、发展规模、生态原则；

(6)体系的典型景观、游览欣赏、旅游设施、基础工程、重点开发项目等系统规划；

(7)体系与产业的经营管理及其与相关行业体系的协调发展；

(8)规划实施措施与分期发展规划。

二、旅游风景区的旅游体系设计

旅游风景区的旅游体系设计是一定行政单元或自然单元的风景体系构建及其发展设计，包括该体系的保护培育、开发利用、经营管理、发展战略及其与相关行业和相关体系协调发展的统筹部署。

三、旅游风景区的风景区域设计

风景区域是可以用于风景保育、开发利用、经营管理的地区统一体或地域构成形态，其内部有着高度相关性与结构特点的区域整体，具有大范围、富景观、高容量、多功能、非连片的风景特点，并经常穿插较多的社会、经济因素及其他方面因素，也是风景区的一种类型。其设计的主要内容有：

(1)景源综合评价、规划依据与内外条件分析；

(2)确定范围、性质、发展目标；

(3)确定分区、结构、布局、游人容量与人口规模；

(4)确定严格保护区、建设控制区和保护利用规划；

(5)制定风景游览活动、公用服务设施、土地利用与相关系统协调规划；

(6)提出经营管理和规划实施措施。

四、旅游风景区的设计纲要

旅游风景区的设计纲要主要包括以下内容：

(1)景观资源综合评价与规划条件分析;

(2)规划重点与难点论证;

(3)确定总体规划的方向与目标;

(4)确定总体规划的基本框架和主要内容;

(5)其他需要论证的重要或特殊问题。

五、旅游风景区的总体设计

旅游风景区的总体设计主要包括以下内容:

(1)分析风景区的基本特征,提出景观资源评价报告;

(2)确定设计依据、指导原则、设计原则、风景区性质与发展目标,划定风景区范围及其外围保护地带;

(3)确定风景区的分区、结构、布局等基本构架,分析生态调控要点,提出游人容量、人口规模及其分区控制;

(4)制订风景区的保护、保存或培育计划;

(5)设计风景游览欣赏和典型景观;

(6)设计旅游服务设施和基础工程;

(7)设计居民社会管理和经济发展引导;

(8)设计土地利用协调方案;

(9)提出分期发展规划和实施规划的配套措施。

六、旅游风景区的分区设计

旅游风景区的分区设计主要包括以下内容:

(1)确定各功能区、景区、保护区等各种分区的性质、范围、具体界线及周围关系;

(2)规定各用地范围的保育措施和开发强度控制标准;

(3)确定各景区、景群、景点等各级风景结构单元的数量、分布和用地;

(4)确定道路交通、邮电通信、给水排水、供电能源等基础工程的分布和用地;

(5)确定旅行游览、食宿接待服务等设施的分布和用地;

(6)确定居民人口、社会管理、经济发展等各项管理设施的分布和用地;

(7)确定主要发展项目的规模、等级和用地;

(8)对近期建设项目提出用地布局、开发序列和控制要求。

七、旅游风景区的详细设计

旅游风景区的详细设计可分为控制性详细设计和修建性详细设计。其设计成果包括设计文件和设计图纸,具体内容如表 6-1 所示。

Note

表 6-1 风景区详细设计的主要内容与成果

项目	主要内容
控制性详细设计	①确定规划用地范围、性质、界线及周围关系； ②分析规划用地的现状特点和发展矛盾，确定设计原则和布局； ③确定规划用地的细化分区或地块划分、地块性质与面积及其发展要求； ④规定各地块的控制点坐标与标高，风景要素与环境要素、建筑高度与容积率、建筑功能与色彩和风格、绿地率、植被覆盖率、乔灌草比例、主要树种等控制指标； ⑤确定设计区的道路交通与设施布局、道路红线和断面、出入口与停车泊位； ⑥确定各项工程管线的走向、管径及其设施用地的控制指标； ⑦制定相应的土地使用与建设管理规定
修建性详细设计	①分析设计区的建设条件及技术经济论证，提出可持续发展的相应措施； ②确定山水与地形、植物与动物景观及景点、建筑与各工程要素的具体项目配置及其总平面布置； ③以组织健康优美的风景环境为重点，制定道路绿地、工程管线等相关专业的规划或初步设计； ④列出主要经济技术指标，并估算工程量、拆迁量、总造价及投资效益分析

设计成果包括设计文件和设计图纸。

图纸包括地区综合现状图、总平面设计图、相关专项设计图、反映设计意识的直观图。图纸比例为 1∶500—1∶2000

八、旅游风景区的景点规划

旅游风景区景点规划内容与成果见表 6-2。

表 6-2 旅游风景区景点规划的主要内容和成果

项目	内容
景点设计	①分析现状条件和设计要求，正确处理景点与景区、景点与功能区或风景区之间的关系； ②确定经典的构成要素、范围、性质、意境特征、出入口、结构与布局； ③确定山水骨架控制、地形与水体处理、景物与景观组织、游路与游线布局、游人容量及其时空分布、植物与人工设施配备等项目的具体安排和总体设计； ④确定配套的水、电、气、热等专业工程规划或单项工程初步设计； ⑤提出必要的经济技术指标、估算工程量与造价及效益分析

景点设计成果包括设计文件和设计图纸。

图纸包括景点综合现状图、总平面设计图、相关设施和相关专业设计图，反映设计意图的分析图、剖面图、方案图及其他直观图。图纸比例为 1∶200—1∶1000

第三节　旅游风景区的设计过程与内容

旅游风景区的设计是针对资源、社会、经济等各系统进行的宏观调控，整个风景区设计大致可以分为五个阶段，即调查研究阶段、制定目标阶段、设计部署阶段、设计优化与决策阶段，以及设计实施监管与修编阶段。

一、调查研究阶段

调查研究阶段包括前期准备、调查工作、现状评价和分析建议等内容，生态完整性评价属于此阶段内。在设计过程中，对风景区基础状况的调研是最为重要的内容。对风景区基础状况的调查的深度将直接影响之后的设计过程。风景区具有复杂的生态系统，其自然资源和人文资源丰富，物质循环和能量流动相互作用、相互依存，形成一个有机整体的动态景观人文生态系统。风景区的基础调研主要包括地形地貌、气候、水文、土壤、植被、土地利用以及人类活动要素等。针对生态完整性评价所需资料要求，在风景区设计中要重点对以下内容进行调查。

（一）资源系统调查

在旅游风景区设计中，设计区域的水文、地质、气候等都是调查对象。基于生态完整性的风景区的设计中主要包括植物种类、数量、分布，动物的种类、分布、食性、习性，水体位置、面积、水质，以及地质地貌条件等。

（二）服务设施调查

服务设施调查主要是针对旅游风景区内公路、水路等交通状况等，以及餐饮设施等建筑数量、规模等。

（三）居民社会经济条件调查

我国大部分旅游风景区内都有常住居民，这对风景名胜资源的保护和利用有着很大的影响，对景区生态系统完整性有一定的干扰。因此，要对景区居民人数、居住区用地面积等进行调查。

基础调研主要可以通过调查咨询（包括现场勘察、访问座谈、问卷调查等方式）、专家评判、现场监测、遥感技术采集等措施来获取相关资料。

二、制定目标阶段

制定目标阶段主要包括确定性质、确定指导思想、确定规划目标、制定发展指标、架构宏观发展战略等内容。此阶段主要是在前期的调查研究的基础上，提出大的方向与方针。

Note

(一)设计范围的界定

设计范围是旅游风景区资源保护与利用、建设与管理的范围,对维护风景区生态系统完整性有着重要的作用。在规划设计时,应遵循以下几点原则:

(1)景源特征及其生态环境的完整性;

(2)历史文化与社会的连续性;

(3)地域单元的相对独立性;

(4)保护、利用、管理的必要性与可行性。

风景区范围的确定,可在生态完整性评价的基础上,运用生态学相关知识来确定景区规划设计的界限,具体有以下几种方式。

(1)根据地形地貌特征来确定。风景区都有着优美独特的景观,大部分是因为有特殊的地形地貌、高山峻岭或蜿蜒河流。景区范围可根据这些具有明显特征的地域来划分,以保证区域的完整性和连续性。

(2)根据干扰强度来确定。在生态系统完整性调查研究过程中,需对干扰因素进行调查。如果干扰斑块或廊道对景区的功能作用不大,也可不将其纳入景区范围内,如对生态系统完整性有较强破坏的城市高速公路,若对景区有比较大的负面作用,在划入景区范围后就需针对其制定措施以控制干扰程度。

(3)根据主要种群分布范围来确定。在旅游风景区中都有着较为完整的物种或种群,其生存也有一定的范围。在调查主要种群数量、分布范围的基础上,来确定景区范围。

(二)设计目标的确定

旅游风景区设计目标的确定要把握好保护与利用的问题,在对景区资源进行深入调查的基础上制定相应的目标。

三、设计部署阶段

设计部署阶段主要是对旅游服务配套系统、风景游赏主体系统等子系统进行系统的构建。着重探讨分区规划、保护培育规划、典型景观规划、风景游赏规划、游览设施规划、道路交通规划等。

四、设计优化与决策阶段

在规划方案完成以后,可根据生态完整性的评判标准进行合理评价,以验证规划的可实施性,以及是否达到了提高景区生态完整性的要求,并征询相关部门意见对规划成果进行修改与完善。

五、设计实施监管与修编阶段

这是旅游风景区设计的最后一个阶段,设计实施监管包括对开发建设活动的监管、对资源和环境保护的监管、安全监管、行业监管、社会舆论监管等。

由于宏观旅游环境、旅游内部条件、旅游需求、旅游产品生命周期的变化，以及旅游规划理论与技术的改变，先前制定的规划方案还可能需要修编。修编的内容包括重新确立发展目标、调整规划核心内容及相关内容等。

第四节　旅游风景区规划设计成果

旅游风景区规划设计成果包括设计文件和设计图纸两个部分。设计文件包括设计文本和设计附件。

一、设计文件

（一）设计文本

设计文本包括以下内容：

(1)风景区发展概况与现状、区域发展条件分析；

(2)规划编制依据和设计思想、设计原则与发展方向；

(3)划定风景区设计范围及外围保护地带，确定风景区性质和发展目标；

(4)划定风景区和其他功能分区；

(5)确定合理游人容量、人口规模；

(6)保护培育规划；

(7)风景游赏规划；

(8)游览设施规划；

(9)交通道路、邮电通信、给水排水、供电能源等规划；

(10)确定经济社会发展及居民点发展调控要求；

(11)确定土地利用协调规划；

(12)确定近期发展目标及主要建设项目；

(13)提出实施总体规划的管理措施；

(14)其他内容，如提出居民点发展调控建议等。

（二）设计附件

1. 设计说明书

(1)现状概况。

现状概况包括旅游风景区的地理位置、自然条件、历史沿革、旅游状况、社会经济、居民生产等内容。

(2)现状综合分析。

现状综合分析包括五个方面：自然和历史人文特点；各种资源的类型、特征、分布及其多重性分析；资源开发利用的方向、潜力、条件与利弊；土地利用结构、布局和矛盾的分析;风景区的生态、环境、社会区域因素。

(3)旅游风景区资源特色与评价。

旅游风景区资源特色与评价包括景源调查、景源筛选与分类、景源评分与分级、评价结果分析。

(4)风景区的范围、性质和发展目标。

风景区的范围、性质和发展目标包括确定风景区设计范围及其外围保护地带;确定风景区的性质,应明确表述风景区特征、主要功能、风景区级别这三方面内容;提出资源保护和综合利用、功能安排和项目配置、人口规模和建设标准等各项主要发展目标。

(5)容量和人口。

容量和人口包括游人容量测算和人口规模预测。

(6)保护培育计划。

保护培育计划包括查清保育资源,明确保育的具体对象,确定风景的分类和分级保护,划定保育范围,确定保育原则和措施。

(7)风景游赏设计。

风景游赏设计包括景观特征分析与景象展示构思,游赏项目组织、风景单元组织,划定保育范围,确定保育原则和措施。

(8)典型景观设计。

旅游风景区应依据其主体特征景观或有特殊价值的景观进行典型景观设计。典型景观设计应包括典型景观的特征与作用分析,设计原则与目标,设计内容、项目、设施与组织,典型景观与风景区整体的关系等内容。

(9)游览设施设计。

游览设施设计包括以下五个方面:

①游人与游览设施现状分析;

②客源分析预测与游人发展规模的选择;

③游览设施配备与直接服务人口估算;

④旅游基地组织与相关基础工程;

⑤游览设施系统及其环境分析。

(10)风景区基础工程规划。

风景区基础工程规划应包括交通道路、邮电通信、给水排水和供电能源等内容。根据实际需要,还可进行防洪、防火、抗灾、环保、环卫等设计。

(11)土地协调利用。

土地协调利用的内容应包括土地资源分析评估、土地利用现状分析及其平衡表等。

(12)分期发展设计。

分期发展设计要提出近期远期发展目标、发展重点、主要内容,并提出具体建设项目、规模、部署、投资估算和实施措施等。

(13)其他内容。

譬如居民点发展调控建议。

2.基础资料汇编

基础资料汇编包括资源与资源条件、人文与经济条件、旅游设施与工程条件、土地

利用状况以及建设与环境等方面的历史和现状基础资料。

二、设计图纸

设计图纸应清晰准确、图文相符、图例一致(一般采用比例为1∶5000—1∶25000),并应在图纸的明显处标明图名、图例等内容。规划设计的主要图纸有:

(1)区域位置关系图;

(2)现状图(包括综合现状图);

(3)景源评价图;

(4)设计总图。

本章重点介绍了旅游风景区的概念、功能及设计类型,着重介绍了景观规划设计的过程和内容;介绍了旅游风景区规划设计成果的内容。

复习题

1.旅游风景与景观设计概念及内涵是什么?

2.旅游风景区的功能和类型有哪些?杭州西湖风景名胜区属于什么类型的风景区?桂林漓江风景区属于什么类型的风景区呢?

3.旅游风景区设计的类型有哪些?各包含什么内容?

4.旅游风景区设计的过程与内容各有哪些?

第七章
新理念景观设计

学习目标

1. 了解新理念景观设计内容及理念；
2. 了解并掌握新理念景观设计方法及要点。

思维导图

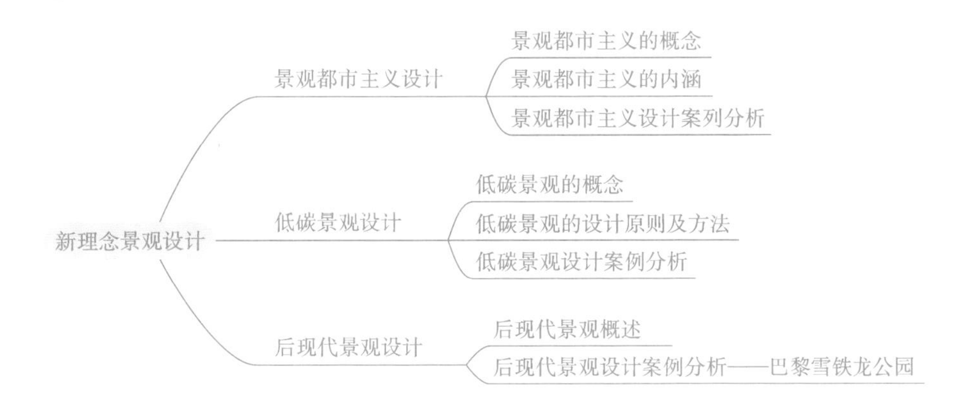

案例引导

景观中的贵族与平民——彼得·沃克与玛莎·施瓦茨

彼得·沃克与玛莎·施瓦茨同为美国现代景观设计大师，对艺术与景观的热爱使两人走到了一起，又因设计理念迥异而分道扬镳。

彼得·沃克是当代国际知名景观设计师，“极简主义”设计代表人物。彼得·沃克从事景观设计有50多年的时间，世界各地留下了他众多的作品。现代主义艺术、极简艺术、古典主义园林、东方园林、大地艺术都成为他设计思想的源泉。他的每一个项目都融入了丰富的历史与传统知识，顺应时代的需求，施工技术精湛。人们在他的设计中可以看到简洁现代的形式、浓重的古典元素，神秘的氛围和原始的气息，他将艺术与景观设计完美地结合起来并赋予项目以全新的含义。

玛莎·施瓦茨的景观设计中，到处可见波普艺术对她的影响。玻璃、陶土罐、五彩的碎片、瓦片、人工草坪，还有随处可见的鲜艳色彩，也许波普艺术正迎合了她在孩提时代就形成的对鲜艳色彩的偏好。她将后现代主义的艺术思想融入作品之中，表现出隐喻、关注人性的超现实主义艺术，与沃克使用昂贵的材料、精湛的工艺相比，施瓦茨使用的是廉价的材料，表现出大众化、平民化的特点。

两人都受到现代主义之后的艺术思潮影响，两人的密切关系与共同追求，使他们的设计思想能够相互融合，同时又各具特点。沃克在他的极简主义园林中获得巨大成就，而施瓦茨则创造了富有艺术性与批判精神的另类景观，为世界景观设计注入了新鲜血液。

资料来源 崔亚楠《景观中的贵族与平民——彼得·沃克与玛莎·施瓦茨》，载《装饰》，2006年第4期，以及相关网络资料。

【问题】 彼得·沃克与玛莎·施瓦茨的代表作品有哪些？他们的设计作品各有什么特点？两人的设计思想有何异同？

第一节 景观都市主义设计

景观都市主义是将整个城市理解成一个完整的生态体系，通过景观基础设施的建设来完善城市的生态系统，同时将城市基础设施的功能与其社会文化需要结合起来，使当今城市得以建造和发展。该理论强调景观是决定城市形态和城市体验的最基本要素。

一、景观都市主义的概念

"景观都市主义"最早是由查尔斯·瓦尔德海姆(Charles Waldheim)教授提出。他在《景观都市主义：一般理论》中提出：景观都市主义描述了当代城市化进程中一种对现有秩序重新整合的途径，在此过程中景观取代建筑成为城市建设的最基本要素。在很多时候，景观已变成了当代城市尤其是北美城市复兴的透视窗口和城市重建的重要媒介。

"景观都市主义"是在当时的规划设计理论无法适应时代发展的情况下出现的。它有着全新的设计思路和设计语言，在此之前人们一直通过建筑基础设施来解决城市发展策略带来的诸多问题，如城市中高楼大厦林立，阴暗角落遍布，高密度的建筑群给城市居民带来了巨大的压力等，景观作为一个简单易行甚至相对于建筑基础设施更为廉价的方式出现在人们的视野里，并很快付诸实践。大量景观设计作品的出现与实际建成，改变了城市在人们心目中原来灰暗的印象，城市的角落变成了干净、健康和能释放城市居民活力的场所。透过这个视角，人们重新认识到了城市的价值和希望，并进一步将这个理论运用到快速发展的城市开发背景中，在改变城市原先糟糕口碑的同时，引入了新的绿色可持续发展产业，增加城市居民的就业机会，促进当地经济的发展，这一点在大环境下显得尤其重要。

Note

二、景观都市主义的内涵

景观都市主义把建筑和基础设施看成景观的一种延续发展，景观不仅仅是绿色植物与园林构筑物。景观都市主义更多是强调景观，而不是建筑更能决定城市的形态与体验，这一观点是对景观及景观设计学的再次发现，把景观学科从幕后推到台前，更有趣的是景观都市主义这一理论是一些建筑工人与具有建筑背景的设计师共同提出的。

目前，国外对于该理论的研究与应用更多还是偏向理论方面，同时也出现了很多成功的案例，景观都市主义从诞生之时就引发了学术界激烈的争论，查尔斯·瓦尔德海姆作为“景观都市主义”一词的创造者，是建筑师和建筑学背景的景观设计学者，该理论的提出在当今景观设计学发展的历程中具有里程碑式的意义。

三、景观都市主义设计案例分析

开创景观都市主义先河的是瑞士建筑师伯纳德·屈米，他为了纪念法国大革命200周年，在巴黎建设了巴黎拉·维莱特公园。拉·维莱特公园也是第一个将景观都市主义的思想融入实践作品中的一个城市公园的经典案例。其形式上是解构主义，同时整个公园无明显边界，它属于城市，融入城市之中，且完美诠释了城市公园开放空间的意义与作用；它用不同的层次来展示景观作为城市发展的媒介，不局限于某种形式与功能，更多是为整个城市的未来制订一个长远、可持续的绿色发展计划。

（一）巴黎拉·维莱特公园

1. 项目介绍

拉·维莱特公园是伯纳德·屈米为纪念法国大革命200周年而设计的。其建于1987年，坐落在法国巴黎市中心东北部，占地55公顷，城市运河流经此处。是巴黎最大的公共绿地，全年免费开放。它是法国三个“较适于孩子游玩的公园”之一，巴黎“十大休闲娱乐公园”之一。

拉·维莱特公园环境美丽而宁静，是集花园、喷泉、博物馆、演出、科学研究、教育等为一体的大型现代综合公园。拉·维莱特公园的生态景观设计理念，以独特的甚至被视为离经叛道的设计手法，为市民提供了一个宜赏、宜游、宜动、宜乐的城市自然空间。公园由废旧的工业区、屠宰场改建而成，是城市改造的成功典范。

2. 目标定位

在拉·维莱特公园建造之初，它的目标就定位为一个属于21世纪的、充满魅力的公园。它既要满足人们身体上和精神上的需要，同时又是体育运动、娱乐、自然生态、科学文化与艺术等诸多方面相结合的开放性的绿地，并且，公园还要成为各地游人的交流场所。

由于公园的现状并非一块空地，这给公园的设计工作带来了很大的挑战。如何充分地利用公园中现有的优美自然景观资源——河流景观，如何打破现有的十字格局使构图更有活力，等等，这些都成为设计师们在设计时首先要思考的问题。

伯纳德·屈米突破了传统城市园林和城市绿地观念的局限，创造了一种公园与城市完全融合的结构，改变了园林和城市分离的传统，把它们当作一个综合体来考虑。他将拉·维莱特公园设计成了无中心无边界的开放性公园，没有围栏也没有树篱的遮挡，整个公园完全地融入周边的城市景观中，成为城市的一部分。(见图 7-1)

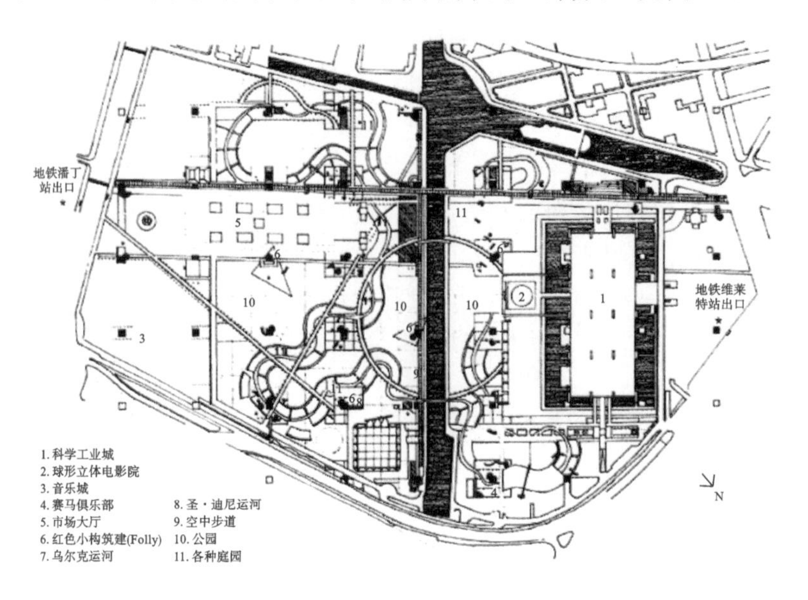

图 7-1 拉·维莱特公园总平面图

3. 设计要点

拉·维莱特公园被伯纳德·屈米采用点、线、面(见图 7-2)三种要素进行叠加，它们相互之间毫无联系，各自可以单独成一系统。

三个体系中的线性体系(见图 7-3)构成了全园的交通骨架，它由两条长廊、几条笔直的种有悬铃木的林荫道、中央跨越乌尔克运河的环形园路和一条被称为“电影式散步道”的流线型园路组成。东西向及南北向的两条长廊将公园的主入口和园内的大型建筑物联系起来，同时强调了大运河景观。长廊波浪形的顶部使空间富有动感，打破了轴

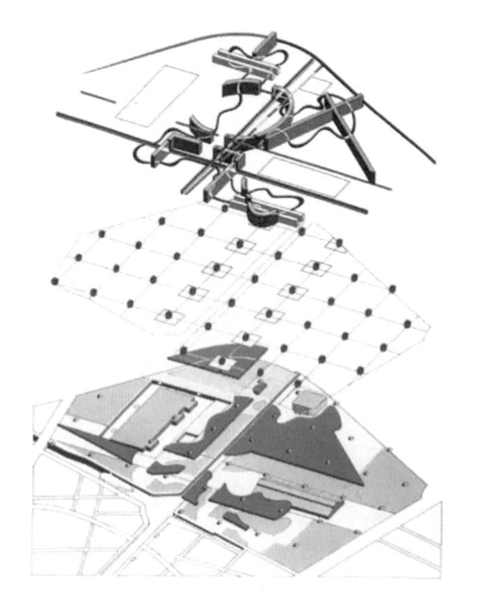

图 7-2 拉·维莱特公园“点-线-面”网络

图 7-3 线体系

线的僵硬感。长达 2000 米的流线型园路蜿蜒于园中，成为联系主题花园的链条。园路的边缘还设有座凳、照明等设施，两侧伴有 10—30 米宽度不等的种植带，以规整式的乔木、灌木种植，起到联系并统一全园的作用。

在线性体系之上重叠着“点”和“面”的体系。

点的体系由呈方格网状布置的、间距为 120 米的一组“Folies”构成。它们都是以红色金属为材料，分布在整个公园中，是 3 个大型公建的建筑空间在园林中的一种延续和拓展。这些 Folies 成功地将科技工业城、音乐厅（见图 7-4）和多功能大厅（见图 7-5）融合在公园的系统之中，形成了建筑与园林相互穿插的公园形式。

图 7-4 音乐厅

图 7-5 多功能大厅

这些“Folies”还给全园带来了明确的节奏感和韵律感，并与草地及周围的建筑物形成十分鲜明的对比。每个“Folie”基本上都是在以边长为 10 米的立方体构成的空间体积中进行变化（见图 7-6），整体上感觉它们似乎一模一样，实际上它们各自有不同的形状，功能也不一。这些“Folies”在公园中分布，有些与公园的服务设施相结合，因而具有了实用的功能；有的被处理成供游人登高望远的观景台；有的恰好与其他建筑物落在一起，起到了强调其立面的作用或充当入口；还有些没有明确其功能，这些“Folies”往往因为游人的不同需要而提供不同的功能，也因游人在其中发生的不同的行为而产生了不同的意义，在没有人使用的情况下它们还起着雕塑的作用。

图 7-6 拉·维莱特公园节点分析

面的体系由10个象征电影片段的主题花园和几块形状不规则的、耐践踏的草坪组成(见图7-7),以满足游人自由活动的需要。10个主题花园风格各异,各自独立,毫不重复,彼此之间有很大的差异感和断裂感,可以充分体现拉·维莱特公园的多样性。这10个主题花园包括镜园、恐怖童话园、风园、竹园、沙丘园、空中杂技园、龙园、藤架园、水园、少年园。其中,沙丘园、空中杂技园和龙园是专门为孩子们设计的。

图7-7 "面"体系——大草坪

(二)美国达拉斯城市公园景观设计

1.项目介绍

达拉斯城市公园(Klyde Warren Park)坐落在美国的达拉斯,由The office of James Burnett设计完成。公园的占地面积并不大,仅横跨了两个城市街区,却是达拉斯居民和游人享受聚会的城市核心区域。虽然这个城市公园的面积仅为5.2英亩[①],但这已经足够形成视觉冲击力,并鼓励城市居民从"车行文化"过渡到"步行文化"。该公园有表演舞台、餐厅、宠物公园、儿童公园、大草坪、喷水景观等。(见图7-8)

图7-8 美国达拉斯城市公园鸟瞰

① 1英亩≈0.00405平方千米。

2.设计方法

建筑师詹姆斯·伯内特(James Burnett)的景观设计令人印象深刻,其设计充分利用了有限的空间,并将多种娱乐休闲设施纳入这个活力动感的公园中。

公共场地可以自由地举行一系列的活动,包括瑜伽训练、舞蹈表演、象棋比赛、"电影之夜"等。此外,该公园还设置了一块大草坪来为当地的艺术展示提供场地,这样一来就带动了周边艺术机构和街道商业的发展。

达拉斯城市公园促进了住宅区、商业区和艺术区之间的沟通联结,形成一个更适合步行的城市中心。

这是对美国城市中心的一次复兴,城市居民的不断增长对城市公园的多样性提出了更高的要求。此公园的设计遵循了这一趋势,以一种创新的方式将不同的层次叠加在一起,形成了一个充满生机的空间。(见图 7-9)

图 7-9 达拉斯城市公园景观

第二节 低碳景观设计

一、低碳景观的概念

(一)理念背景

低碳景观理念孕育于当代可持续发展思想,并随着环境恶化、资源匮乏、能源短缺以及温室气体排放过量所导致的气候变化等问题的突显而日益为世人所关注,它与"低碳经济""低碳技术""低碳社会""低碳城市""低碳世界"等同属于低碳时代的新概念和新政策。

在中国,低碳理念也已成为社会经济发展的热点。控制碳排放已成为我国各级政府的重要任务。2020 年我国正式提出 2030 年碳达峰及 2060 年碳中和的目标。2020 年 12 月,国务院新闻办公室发布《新时代的中国能源发展》白皮书,清晰描绘了中国

2060年前实现碳中和的“路线图”。

据估算，城市30%的碳排放量来自汽车排放，60%来自包括园林景观在内的建筑行业。推进低碳景观设计理念，对压缩碳排放具有实际意义。

（二）低碳景观概念

低碳景观（Low Carbon Landscape）是指在景观规划设计、景观材料与设备生产、施工建造和景观维护使用的整个生命周期内，减少石化能源的消耗，提高能效，降低二氧化碳的排放量。

（三）设计理念

一是集约城市建设，多重利用土地。提倡紧凑型城市、开发竖向空间和地下空间、修复更新城市废弃地。

二是发展绿色基础设施，建设生态城市。保持景观连续性，建立绿色通道；建设节水城市，合理利用水资源；建设城市森林，打造城市“绿肺”；保护或重建湿地，守护地球之肾；绿化屋顶空间，增加绿化面积。

三是应用低碳型新技术、新能源与新材料。充分应用新技术，推进太阳能、风能、生物能等绿色能源利用和LED等节能光源应用；促进新型低碳建筑材料和绿色材料应用。

四是寓教于乐，发挥景观的低碳教育功能。在景观设计中，充分融入环境教育等，建立低碳景观展示场所，引导公众了解、参与低碳生活。

二、低碳景观的设计原则及方法

（一）设计原则

1. 生态性原则

景观建设，生态先行，这是近几年普遍被大家认可的生态性原则。景观建设最根本的任务是营造舒适的、生态的人居环境，这也是景观这个行业存在的价值。只有遵循生态性原则，才能营造出适合的、能体现以人为本的、实用性与文化性兼具的景观，而不是一味追求面子工程，堆大山，挖大湖，大面积硬质铺装而成的昂贵奢华的景观。

2. 人本主义原则

“以人为本”这条原则是所有景观工作者应遵循的基本原则，它在景观设计中经常被提到，但真正理解并做到的人不多。这要求景观工作者能真正地从景观使用者的角度去思考，从人对景观的感受、对尺度的要求出发。要考虑这个景观项目的性质、用途，它所面对的受众群体的情况等。

项目的实地考察阶段就要分析具体情况，例如，项目如果是个居住区，那么就要考察居民的层次、年龄段，为成年人准备运动健身场地，老年人的活动中心和儿童专属的游乐场。如果兴建这些场地，要建多大的尺度的，是供多少人使用的，使用频率、使用时间，这些都要提前做足准备。只有前期准备充分，才能有的放矢，减少浪费。

3. 因地制宜原则

每个地区都有特有的自然及人文环境、地域特色、风俗习惯及地理特点，景观设计应该在对立地环境进行充分的分析和准确测量的基础上，结合以上因素，顺应立地的地势地貌进行规划设计。确定景观系统中每个部分承担的功能。根据绿地功能的不同对立地进行或增或减的改造。但应尽量保护原地貌，避免增加不必要的工程量，不要破坏立地环境的独特性。好的景观设计应该是在充分尊重立地条件的情况下，多运用当地的植被及材料，结合其民俗风情，向人们展示地域风采。只有这样，景观才能令观赏者产生亲切感和认同感。

4. 尊重自然原则

景观工作者要积极地探索自然规律并利用自然规律进行景观的建设，往往能达到事半功倍的效果，这也是低碳景观思想的体现。例如：设计师进行植物景观设计时，要模仿自然植物群落的结构，这样能做到植物群落结构和密度的合理化，使植物能够快速地生长，发挥固碳的作用；我们在进行水体景观设计时，特别是自然式水体景观的设计，也要模仿自然界河流的形态，不盲目地改造立地中原有的河流形态，要本着保护性改造的原则，驳岸也尽量采用较生态的建材。水体的设计要随着地形的起伏，或形成瀑布或形成跌水，节约电能。运用水生植物净化水体，节省了维护费用。在工程手段上，也有减少修复性建设的方法，如修建园林景观水闸，水闸的位置应使船只位于水流的中间就能使其顺利通过，避免水流的冲击带来的损害。自然生态系统具有强大的自我修复功能，只要我们不过度地掠夺、不野蛮地破坏，它就能逐渐与人工景观融合在一起。

综上所述，园林景观的建设不仅仅要依靠现代的先进科学技术手段，更要依靠自然本身，使其发挥作用来辅助景观的建设。

5. 功能性原则

景观设计应把能满足用户的使用功能的原则放在首位。现在人们的生活品质与过去相比有了大幅度的提高，对景观的需求也渐渐变得多样化起来，不仅仅局限于休闲功能，还包括交流聚会、运动健身、科普教育、改善小气候等多种需求。这就要求景观设计师根据不同项目的具体情况，利用现代科技、工程学、历史学、美学等辅助学科进行景观设计，使其具备休闲、游憩、运动、科教、交流等多种功能，使景观能够真正面向受众，令人们感受多姿多彩的生活。

6. 经济性原则

低碳景观的理念中包含有节约的含义，即景观建设中要求贯彻经济性原则。过去几年中我国景观建设在审美观念上倾向于大面积的、严整的景观形式，追求快速见到效果，导致硬质景观部分过多、大树移栽难以成活这些问题，浪费资金的同时也不利于城市自然生态环境的发展，生态系统被破坏后难以恢复，更是造成了难以挽回的损失，也浪费了大量的资源能源。如此往复，造成了恶性循环。面对这么严峻的形势，我们不得不重新思考，是否要转变一下我们的审美观念，是否改变我们的景观建设方式。这就要求我们用经济性原则指导景观的建设。

(二)设计方法

1.雨水储蓄利用

水资源是世界上十分紧缺的资源,我国虽然水资源储备比较丰富,但是淡水资源供应紧缺。景观设计作品是仿自然的生态建筑工艺,优秀的景观设计作品离不开水的调控。为了节约用水,同时又保证园林建设的质量,需要提高对雨水的利用率,在雨季对雨水进行定量储存,在适当的时期加以多样性的利用。

2.绿色景观构筑物

景观构筑物可以通过形式的巧妙构思达到增汇的目的。景观建筑会采用半地下、地下或底层架空的设计,使建筑在冬夏季的能源消耗减少,达到减排效果;以及墙体、屋顶立体绿化,以增加绿化面积或绿地面积,同时通过多种建设设计风格,为人们提供不同的观景视角,形成独特的园林风格。

3.污水净化循环

城市生活和生产污水是市政工作的一个重点,传统的污水排放处理工作,污染了周边的水源,破坏生态环境。低碳景观设计,倡导对污水实行净化的二次利用,将城市污水排入湿地系统,配合植物根系以减缓水流速度,利用多层异质土壤对悬浮物进行拦截沉降,促使杂质沉淀和排出,并在湿地中种植具有净化功能的植物,如芦苇、千屈菜、小香蒲、花叶芦竹等,以有效地吸收和过滤水中的有毒有害物质。

4.选择建造材料

建筑垃圾是城市固体污染的一种主要形式,传统的景观设计主要利用混凝土等施工材料,这些材料的生产是能源的浪费,同时处理剩余建筑材料也增加了市政工作的压力。低碳景观设计工艺,倡导使用身边周围可利用的循环性和再生性建筑材料。就近取材能够降低建设投资成本,再生资源的利用又能够缓解能源压力。景观设计中常见的低碳型材料主要包括木竹和竹藤等。

三、低碳景观设计案例分析

(一)项目介绍

南京聚福园小区位于南京城西秦淮河以西、长江之畔。东靠江东北路,南邻湘江路,北邻闽江路。区位地势平坦、风光秀丽、交通便捷。小区占地 12 公顷,总建筑面积 18.5 万平方米。小区建设通过技术整合、设计研究,在完成建设部(现住建部)两个示范中确定了智能便捷、节能生态、绿色环保的总体建设目标。

(二)绿色建筑

1.朝向、日照方面

该地区位于长江中下游平原、长江之畔,地势平坦。夏季主导风为东南风,冬季为东北风,在设计中也考虑了地势条件和自然季节风向。住宅全部为南北朝向,与市政道路平行。楼栋长轴与夏季东南风成30°—45°夹角，形成楼栋通风道。南部楼栋以三单元、两单元拼接建和消防间距，留出8—20米的间距，以利于夏季风的灌入，而北部的板式高层则有效地阻挡了冬季寒风侵入。

2.外墙方面

住宅外墙全部采用外保温技术，能够系统有效地解决外墙隔热保温时可能出现的冷热桥问题，相比内保温增加了室内使用面积，同时也对外墙起到一定的保护作用，延长了建筑外墙的使用寿命。

3.屋面方面

住宅屋面采用平顶和坡顶结合的方式，采用欧文斯科宁挤塑板(XPS)保温隔热系统和倒置式手法。欧文斯科宁挤塑板强度高且保温性持久，使用50年后其保温隔热性能仍可保持在80%以上，是市场上倒置式屋面保温较为有效的一种材料。

4.门窗及阳台

在外门窗及阳台封闭门窗设计上，聚福园小区在南京首次采用阻断型铝合金型材加双层中空玻璃。阳台的冬季温度比北侧房间高5℃左右，形成暖阁。调查显示，在冬天，特别是有老人和小孩的家庭对阳台的使用率有所提高。

(三)雨水利用

小区设计师设计了一个工艺流程，可以将雨水回收处理并作为景观用水的补充水源。通常景观区域内小范围的雨水收集可利用屋面与路面雨水收集系统来完成，而大面积的雨水收集则要结合地形来完成，通过地形的营造来组织汇集排水。聚福园小区由落水管收集屋面雨水，雨水口收集路面和绿地雨水。其中路面雨水的收集要经过雨水管和筛网，这样就能拦截大的漂浮物，保持管道的畅通。收集来的雨水要经过处理，常规的雨水处理过程包括：用筛网与格栅拦截大块杂质与悬浮物；屋顶径流的雨水进入混凝设备进行混凝沉淀，经过这一步的沉淀之后就能用于绿地灌溉；道路径流的雨水由于污染较严重，经混凝沉淀后还要进行进一步过滤处理。

第三节　后现代景观设计

一、后现代景观概述

(一)后现代主义的概念

"后现代"一词出现较早，1870年，英国画家约翰·沃特金斯·查普曼提出"后现代绘画"(Postmodern Painting)，用来指一种比法国印象派更现代、更先锋的绘画创作。在不同的专业领域中，"后现代"这一概念的界定不同，综合诸多观点，后现代主义集合着各专业领域的矛盾态度和理论，其特征主要表现为，反对理性至上和科学至上；反对

基础主义，倡导不确定性和差异性；主张多元论，反对中心主义；怀疑理性和科学能带来自由和解放；批判传统的形而上学。

广义的“后现代主义”是一场声势浩大、影响广泛的文化运动，其脉络是自西方国家开始蔓延，其影响范围甚广，几乎包括了和文化相关的所有领域：从建筑学到设计艺术、绘画、音乐，再到文学、历史学、社会自然科学等各个方面。

狭义的“后现代主义”指的是20世纪60至70年代，西方设计思潮向多元化方向发展的一个新流派。这种设计思潮是从西方工业文明中产生的，是工业社会发展到后工业社会的必然产物；同时，它又是从现代主义里衍生出来，是对现代主义的反思和批判。

（二）后现代主义景观设计

后现代主义景观发展至今，仍然没有一个明确的定义和概念，主要存在广义和狭义两种概念。

广义的“后现代主义景观”，指在文化上的后现代主义影响的景观设计。从表面上看，文化上的后现代主义指现代主义之后的各种风格，或者某种风格。它是受西方现代美学理论、后结构主义、新马克思主义思潮等的影响，具有向现代主义挑战，或否定现代主义的内涵，标志着与现代主义的精英意识和崇高美学的决裂。它强调否定性、非中心性、破碎性、反正统性、非连续性以及多元性，消解现代主义的抽象的、超验的、中心的、一元论的思维体系。

狭义的“后现代主义景观”一般指以反对现代主义的纯粹性、功能性和无装饰性为目的，以戏谑性的符号和大众化的装饰风格等为主要特征的景观设计思潮。后现代主义景观关注人们精神层面，是以场所的意义和情感体验为核心的，它的存在满足了人们的趣味和个性的需求。景观建筑师吸收了很多后现代设计概念和新艺术手法，如构图的隐喻、视觉的变化和色彩对比等，但是他们并没有彻底抛弃树木、花草、水体、山石等传统设计元素，而是将它们有机结合，营造出新的场所意义。因此，他们的后现代倾向显得温和而谨慎。人在场所中并非扮演主体的角色，但人和景观始终是互动的关系，有时候人甚至也成为景观构成元素的一部分。因此，无论景观建筑师在设计中的表现多么前卫，其所营造的场所氛围和意义始终是人与自然关系的和谐。

二、后现代景观设计案例分析——巴黎雪铁龙公园

（一）项目介绍

雪铁龙公园（Parc Andre Citroen）占地45公顷，位于巴黎西南角，濒临塞纳河，是利用雪铁龙汽车制造厂旧址建造的大型城市公园。

雪铁龙社区濒临塞纳河，属于19世纪形成的旧城区的一部分。该片区200多年前还是一片荒地，由于当时塞纳河泛滥等原因该区一直无人居住，直到1784年Artois伯爵买下了这片土地建立了生产化学品的工厂，这里才逐渐发展起来。1889年化工厂被钢铁厂和仓库区代替。到20世纪初，伴随工业化进程巴黎城市建设发展极为迅速，巴黎的工业家安德烈·雪铁龙选择此地建立了著名的汽车制造厂——雪铁龙工厂。并在半个多世纪的时间里不断扩展，逐步吞并了周边相邻地块。直至1970年，雪铁龙工厂迁出巴黎城区，市政府得以收回这片用地。

Note

收回了雪铁龙工厂的用地后，市政府立即委托巴黎城市规划院针对该区进行用地规划研究，巴黎城市规划院建议市政府扩大项目的用地边界（最后规划用地是 33 公顷）其目的是避免社区与周边环境孤立隔绝。1976 年规划方案由市议会通过，该规划方案主要包括三部分内容：雪铁龙公园 14 公顷，包括一个面向塞纳河开放的绿地空间和散落在居住区内的两个花园；住宅区规划分布在公园周边，共计修建 2500 套住宅；公共建筑包括办公、商业、文教、医院等，其中大型医院与办公楼位于基地南侧巴黎中心城的边缘，邻环城路。（见图 7-10）

图 7-10 巴黎雪铁龙公园

（二）整体布局

平面布局呈几何形式，是一系列大大小小的矩形的平面组合，带有法国古典园林的典型特征（见图 7-11），但一条横空出世的斜线却从头到尾一切到底。一系列有矩形边界的空间组成了面向塞纳河的轴线。雪铁龙公园作为遗址公园，并没有像其他公园一样保留工厂遗留痕迹，只保留了原来的空间结构。

图 7-11 巴黎雪铁龙公园鸟瞰

（三）历史特征

垂直于河岸的通道为工业生产提供了连接码头和厂房的最高效的联系，场地上的

斜向连接则一直都存在着，是城市路网的重要历史信息。由此，正是场地的文脉和空间结构催生了现在的雪铁龙公园。现在的雪铁龙公园是在场地上模拟了原来工厂的物质能量流动途径。虽然在园内看不到雪铁龙工厂的厂房或者原来工业生产时所用的机械装备等，但是工厂留给这片土地的痕迹已经通过公园的整体空间布局呈现给了公园的使用者。

(四)空间类型

全园中，开放空间轴线明显，贯穿主园区中心带，两个社区私密空间分布在两侧小尺度主题庭院中。其中，在高架路桥下塞纳河一侧的入口旁，设置有斜面跌水围合而成的下沉空间，水声隔断了外界车流噪声，使得此处成为冥想的私密之所。

追求自然与个性，强烈的平面结构形式通过一系列小花园与自然相融合(见图7-12)。这些以植物种植为主的花园各有主题，比如黑与白、岩石与苔藓、废墟、变形并通过不同植物种类和小品、地面材质的对比以突出个性与特征；通过技术手段水元素得到淋漓尽致的运用；广场中央的柱状喷泉、围绕大草坪的运河、跌水、瀑布，丰富了公园的视觉、听觉效果；一条斜穿大草坪的老路保留下来，它印证了雪铁龙工厂甚至更早的历史痕迹，同时也是园内的主要步行道。

图 7-12　与公园融合的小花园

(五)空间要素

1. 大草坪

整个公园的核心是邻近塞纳河设置了一个巨大的广场型绿地，虽斜坡面向塞纳河，广场周围规划了运河、大型玻璃温室、系列花园，公园全部面向公众开放。设计师无论在平面布局上，还是建筑与环境小品处理上，力求在继承法国园林传统的同时，建设一个现代城市公共绿化空间。(见图 7-13)

2. 七个园景

全园由金色园、红色园、白色园、橙色园、绿色园、蓝色园，以及活园这 7 个园组成一系列的空间。设计师用色彩带给人的情感联想来诠释日常生活中人们每一天的情绪变化，这些色彩主题的体现依靠的是植物材料。(见图 7-14)

Note

图 7-13　巴黎雪铁龙公园背面立体感

图 7-14　园景色彩主题

金色园运用了多种彩色叶植物，在春天来临之际呈现出鲜嫩的金黄。

红色园的乔木主要运用海棠和桑树，既有明艳的红色海棠花，又有暗红的桑葚。

白色园的色彩主要依靠类似日本枯山水庭院般的白色卵石来体现，周边色彩浓暗的常绿灌木衬托了卵石的白色，两侧列植的小乔木满树银枝也配合了色彩主题。

橙色园主要依靠波斯铁木橙红色的树叶、日本花柏橙黄色的叶片、栾树的黄花，再配以多种杜鹃及其他草木花卉的色彩。

绿色园上有数种漆树科等高大的乔木，下有色叶浓绿的灌木，形成了一片饱满欲滴的深绿。

蓝色园主要依靠多种蓝色的草本花卉，在阳光下这些花朵的蓝色显得更加美丽与宁静。

活园，相比之下则并无界定性的颜色搭配，在遵循植物协调性和满足人们舒适性的前提下，灵活栽种花卉植物。

3. 运动园

运动园，是一座有鲜活生命的园。这个区域内的植物都是播种种植的，植物的生长完全不受约束，也从来没有人对植物进行修剪。连野草都被一视同仁，被看作这个空间的一部分。园中没有非常明确的路径，走的人多了也就成了路。植物间的相互竞争，以及人类活动的参与和影响都是此处空间的驱动力。在这种情况下，就形成了颇具野趣

的丰富的植物空间。

4.铁路沿线的空间

总平面图的东南角有一块三角形的区域。塞纳河的左岸铁路凌空而过，将河岸与公园完全地分割开来。铁路线造成公园与水的视觉联系完全中断，而且每几分钟就有疾驰而过的火车带来无法消除的噪声。一组 3 米高的墙体分制围合的小空间，在下形成一组递进的空间序列，在上形成立体步行系统。

递进的空间序列由三部分组成：第一部分是两组水瀑夹持的小空间，第二部分是以黄杨花坛和桦树组合为中心的庭院，第三部分是整体修剪的灌木群和步行道组成的转折过渡区域。

5.两个大温室

作为公园中的主体建筑，如同巴洛克中的宫殿，温室前下倾的大草坪似宫殿前下沉式大花坛的简化。（见图 7-15）

图 7-15 两个温室

雪铁龙公园展示的是带有活力的、美丽的自然，变化丰富的、不断生长的具有生命力的和有规律的自然，它追求自然与人工、城市及建筑的联系和渗透，是一个富有创意的、可以供人们在此冥想，让人联想到自然、宇宙或者人类自身的文化性公园。

本章小结

新理念景观设计是现代景观设计发展到当代之后，随着社会的发展，结合当代与景观设计、风景园林有关的学科发展的新理念，产生的新的景观设计理念和方法。本章介绍了其中重要的几个，如景观都市主义、低碳景观设计以及后现代景观设计，并以实例介绍了其设计方法和原则。

复习题

1.什么是景观都市主义？景观都市主义的设计要点和方法是什么？

2.简述低碳景观设计的原则及方法。

3.什么是后现代主义景观？后现代主义景观有什么特征？请举例说明。

Note

参考文献

References

［1］ 张大为.景观设计［M］.北京:人民邮电出版社,2016.

［2］ 刘滨谊.现代景观规划设计［M］.3版.南京:东南大学出版社,2010.

［3］ 成玉宁.现代景观设计理论与方法［M］.南京:东南大学出版社,2010.

［4］ 刘晖,杨建辉,岳邦瑞,等.景观设计［M］.北京:中国建筑工业出版社,2013.

［5］ 赵良.景观设计［M］.武汉:华中科技大学出版社,2009.

［6］ 许浩.景观设计:从构思到过程［M］.2版.北京:中国电力出版社,2019.

［7］ 陈六汀.景观艺术设计［M］.2版.北京:中国纺织出版社,2010.

［8］ 李楠,刘敬东.景观公共艺术设计［M］.北京:化学工业出版社,2015.

［9］ 王云才.景观生态规划设计案例评析［M］.上海:同济大学出版社,2013.

［10］ 高卿.景观设计［M］.重庆:重庆大学出版社,2018.

［11］ 马克辛,卞宏旭.景观设计［M］.沈阳:辽宁美术出版社,2017.

［12］ 张薇,郑志东,郑翔南.明代宫廷园林史［M］.北京:故宫出版社,2015.

［13］ 蔡文明,刘雪.现代景观设计教程［M］.成都:西南交通大学出版社,2017.

［14］ 苏雪痕.植物景观规划设计［M］.北京:中国林业出版社,2012.

［15］ 蔡文明,武静.园林植物与植物造景［M］.南京:江苏凤凰美术出版社,2014.

［16］ 蔡文明,杨宇.环境景观快题设计［M］.南京:南京大学出版社,2013.

［17］ 巴里·W斯塔克,约翰·O西蒙兹.景观设计学——场地规划与设计手册［M］.5版.朱强,俞孔坚,郭兰,等,译.北京:中国建筑工业出版社,2014.

［18］ 成国良,曲艳丽.旅游景区景观规划设计［M］.济南:山东人民出版社,2017.

［19］ April Philips.都市农业设计:可食用景观规划、设计、构建、维护与管理完全指南［M］.申思,译.北京:电子工业出版社,2014.

［20］ 马修·波泰格,杰米·普灵顿.景观叙事——讲故事的设计实践［M］.张楠,许悦萌,汤莉,等,译.北京:中国建筑工业出版社,2015.

教学支持说明

为了改善教学效果，提高教材的使用效率，满足高校授课教师的教学需求，本套教材备有与纸质教材配套的教学课件（PPT 电子教案）和拓展资源（案例库、习题库、视频等）。

为保证本教学课件及相关教学资料仅为教材使用者所得，我们将向使用本套教材的高校授课教师免费赠送教学课件或者相关教学资料，烦请授课教师通过电话、邮件或加入旅游专家俱乐部 QQ 群等方式与我们联系，获取"教学课件资源申请表"文档并认真准确填写后反馈给我们，我们的联系方式如下：

地址：湖北省武汉市东湖新技术开发区华工科技园华工园六路

邮编：430223

电话：027-81321911

传真：027-81321917

E-mail：lyzjjlb@163.com

旅游专家俱乐部 QQ 群号：758712998

旅游专家俱乐部 QQ 群二维码：

群名称:旅游专家俱乐部5群
群　号:758712998

教学资源申请表

填表时间：________年____月____日

1. 以下内容请教师按实际情况填写，★为必填项。
2. 根据个人情况如实填写，可以酌情调整相关内容提交。

<table>
<tr><td rowspan="2">★姓名</td><td rowspan="2"></td><td rowspan="2">★性别</td><td rowspan="2">□男 □女</td><td rowspan="2">出生
年月</td><td rowspan="2"></td><td>★ 职务</td><td></td></tr>
<tr><td>★ 职称</td><td>□教授 □副教授
□讲师 □助教</td></tr>
<tr><td>★学校</td><td colspan="3"></td><td>★院/系</td><td colspan="3"></td></tr>
<tr><td>★教研室</td><td colspan="3"></td><td>★专业</td><td colspan="3"></td></tr>
<tr><td>★办公电话</td><td colspan="2"></td><td>家庭电话</td><td colspan="2"></td><td>★移动电话</td><td></td></tr>
<tr><td>★E-mail</td><td colspan="5"></td><td>★QQ 号/
微信号</td><td></td></tr>
<tr><td>★联系地址</td><td colspan="5"></td><td>★邮编</td><td></td></tr>
</table>

★现在主授课程情况		学生人数	教材所属出版社	教材满意度
课程一				□满意 □一般 □不满意
课程二				□满意 □一般 □不满意
课程三				□满意 □一般 □不满意
其　他				□满意 □一般 □不满意

教材出版信息		
方向一		□准备写 □写作中 □已成稿 □已出版待修订 □有讲义
方向二		□准备写 □写作中 □已成稿 □已出版待修订 □有讲义
方向三		□准备写 □写作中 □已成稿 □已出版待修订 □有讲义

请教师认真填写下列表格内容，提供申请教材配套课件的相关信息，我社根据每位教师填表信息的完整性、授课情况与申请课件的相关性，以及教材使用的情况赠送教材的配套课件及相关教学资源。

ISBN(书号)	书名	作者	申请课件简要说明	学生人数 (如选作教材)
			□教学 □参考	
			□教学 □参考	

★您对与课件配套的纸质教材的意见和建议有哪些，希望我们提供哪些配套教学资源：